国家自然科学基金课题
基于复杂网络的工业生态化演进机制解析与系统模拟（41071352）

QUYU SHENGTAI WENMING JIANSHE DE
LILUN YU SHIJIAN

区域生态文明建设的理论与实践

——宁波北仑案例

◎石 磊 刘志高 曾 灿 董 颖 著

ZHEJIANG UNIVERSITY PRESS
浙江大学出版社

前　言

生态文明已经成为我国当下的流行语，全国各地纷纷开展生态文明建设规划，但2010年之前规划并不多见。宁波市北仑区于2010年初开始系统推进生态文明建设，成立了生态文明建设指导委员会，下设办公室和行动计划推进工作小组，明确要编制专项规划以作为生态文明建设的行动纲领。

2010年6月，我们接到北仑区邀请来参与生态文明建设规划的竞标。此前，我们在北仑区开展过产业联动课题，对北仑区产业生态化有一定的认识和理解，然而生态文明绝非仅是产业生态化的事情，我们需要思考区域生态文明建设的内涵、模式及其路径。正巧，德国法兰克福大学毕业不久从事经济地理学研究的刘志高博士也在思考这一问题，我们由此组成联合团队。

众所周知，2010年正是“十一五”收尾之年，北仑区作为浙江最为重要的临港重化工业集聚区面临着巨大的节能减排压力，显然生态化已经成为北仑区这一时期的工作重心。事实上，长期以来北仑区更是受到工业化和城镇化的困扰。就工业化而言，北仑区在“十五”期间建立起石化、钢铁、能源和汽车临港产业基础，但这些产业要么规模偏小，要么产业链不够整合而导致总体竞争力不强；“十一五”期间尽管也发展了一些新能源、新材料和新装备等新兴产业，但没有形成集聚效应。因此，某种程度上北仑在21世纪的第一个十年是失落的十年，这直接导致北仑在2010年继续纠结于工业化的战略选择。就城镇化而言，北仑因港而产，因产而城，产港城如何协调发展是一个战略性问题，这个问题的重要性在2010年已经凸显出来。

在意识到北仑正面临工业化、城镇化和生态化的三重压力下，我们认为北仑区生态文明建设应该为化解这三重压力提供纲领性的指引，因此提出工业化、城镇化和生态化协同发展的“三螺旋”框架，并将北仑区建设生态文明的内涵定义为：“对北仑区生产、消费和社会活动的规模和质态进行生态化调整，协同耦合工业化、城市化和生态化区域发展的‘三螺旋’，使其在本地生态承载能力范围内以合理的技术经济手段来尽可能满足当地人们的物质需求、文化需求和环境要求，驱动空间、产业和文化的生态化转型。”在此基础上，我们进一步提出了北仑区生态文明建设的路径和机制。

幸运的是，我们所阐述的生态文明建设内涵、模式和愿景受到了北仑区的认可，由此承担起生态文明建设规划的任务。当时，北仑区生态文明建设办公室设在政策研究室，负责本项目的协调和管理。在时任政研室主任傅晓博士的亲自带领下，我们密集走访了发改、经信、环保、规划和建设等职能部门以及宁波钢铁、逸盛石化、台塑企业、吉利汽车、北仑电厂等重点企业，也走访了大榭岛、镇海和慈溪等周边区域。交流中，我们逐渐体会到生态文明建设规划的复杂性、艰巨性和长期性，为此我们决定先行开展如下十项专题研究，然后在此基础上凝练出建设规划。

专题1:北仑经济发展形势及生态文明建设优劣势分析(中科院地理资源所)

专题2:北仑生态文明建设指标体系:建立、评估及预测(清华大学)

专题3:北仑生态文明建设空间格局(中科院地理资源所)

专题4:北仑生态工业体系发展规划(清华大学)

专题5:北仑工业企业生态创新(浙江科技学院、清华大学)

专题6:北仑现代服务业和生态农业发展(中科院地理资源所)

专题7 :城区、农村与海洋生态系统规划(中科院地理资源所)

专题8:北仑生态环境安全与保障体系规划研究(清华大学)

专题9:北仑可持续消费现状调查与体系建设(清华大学)

专题10:生态文化体系与制度建设(中科院地理资源所)

历经6个月的努力，我们完成了《北仑区生态文明建设规划》，规划于2011年1月评审通过。评审专家组认为，规划在编制过程中充分考虑了生态文明内涵和北仑实情，具有前瞻性和创新性。区领导表示，通过后的规划将成为北仑区生态文明建设的纲领性文件，为制定和实施北仑区域发展各项规划提供重要依据。

在此，衷心感谢时任北仑区政策研究室主任傅晓博士、副主任李振基先生和政研室其他同志，感谢时任发改局局长滕安达先生，感谢北仑发展改革研究所贺党伟先生，感谢我们访谈过的所有政府领导、企业人员和专家。

本项目也得到了国家自然基金课题“基于复杂网络的工业生态化演进机制解析与系统模拟(41071352)”的支持，特此感谢！

受作者水平所限，书中难免有不足和错误之处，希望读者批评指正。

作 者

2014 年 4 月

目　录

1　生态文明建设的内涵

1.1　生态文明的由来与内涵

1.1.1　生态文明的提出背景

2003 年，中央首次肯定和使用“生态文明”概念。2003 年 9 月 11 日，中共中央、国务院发布《关于加快林业发展的决定》(中发〔2003〕9 号)，明确提出“建设山川秀美的生态文明社会”。这是党和国家的重要文件首次明确肯定和使用“生态文明”概念。这次从深入贯彻落实科学发展观、全面建设小康社会新要求的高度提出建设生态文明，较之以往的提法更加明确，要求更加具体，地位更加突出。

党的十七大明确指出生态文明建设是全面建设小康社会的新目标。在中国共产党第十七次全国代表大会上，胡锦涛总书记提出将“建设生态文明”作为中国实现全面建设小康社会奋斗目标的新要求之一，并明确提出“要建设生态文明，基本形成节约能源资源和保护生态环境的产业结构、增长方式、消费模式。循环经济形成较大规模，可再生能源比重显著上升。主要污染物排放得到有效控制，生态环境质量明显改善。生态文明观念在全社会牢固树立”。

环保部的指导意见明确指出推进生态文明建设的指导思想、基本原则和基本要求，以及建设的主要内容。环保部于 2008 年下发了《关于推进生态文明建设的指导意见》(环发〔2008〕126 号)。《指导意见》从落实科学发展观，明确指出生态文明建设的五大主要内容，即严格环境准入，建立生态文明的产业支撑体系；加强生态环境保护和建设，构建生态文明的环境安全体系；广泛宣传发动，建立生态文明的道德文化体系；健全长效机制，完善生态文明建设的保障措施。该指导意见是今后一段时期指导环保系统构建生态文明的纲领性文件。

党的十八大报告将生态文明建设提升到一个全新的高度，提出要“把生态文明建设放在突出地位，融入经济建设、政治建设、文化建设、社会建设各方面和全过程，努力建设美丽中国，实现中华民族永续发展”。

党的十八届三中全会通过的《中共中央关于全面深化改革若干重大问题的决定》进一步指出，“建设生态文明，必须建立系统完整的生态文明制度体系，用制度保护生态环境。要健全自然资源资产产权制度和用途管理制度，划定生态保护红线，实行资源有偿使用制度和生态补偿制度，改革生态环境保护管理体制”。

1.1.2 生态文明的内涵

从广义上讲，生态文明是指人类社会继原始文明、农业文明、工业文明后的新型文明形态；从狭义上讲，生态文明是指与物质文明、政治文明和精神文明相并列的一种文明。生态文明，是指人类遵循人、自然、社会和谐发展这一客观规律而取得的物质与精神成果的总和；是指人与自然、人与人、人与社会和谐共生、良性循环、全面发展、持续繁荣为基本宗旨的文化伦理形态。生态文明是贯穿于经济建设、政治建设、文化建设、社会建设全过程和各方面的系统工程，包括生态意识文明、生态制度文明和生态行为文明。

1.2 生态文明建设的理论基础

1.2.1 可持续发展

生态文明与可持续发展在概念上一脉相承，都是强调人与自然的和谐发展。可持续发展(sustainable development)的概念最先是1972年在斯德哥尔摩举行的联合国人类环境研讨会上正式讨论。1987年，世界环境与发展委员会出版《我们共同的未来》报告，将可持续发展定义为：“既能满足当代人的需要，又不对后代人满足其需要的能力构成危害的发展。”

1.2.2　循环经济

循环经济，是以“减量化、再利用、资源化”为原则，以物质闭路循环和能量梯次使用为特征，按照自然生态系统物质循环和能量流动方式运行的经济模式。循环经济将生态学规律运用于人类社会的经济活动，本质是通过资源高效和循环利用，实现污染的低排放甚至零排放，从而实现社会、经济与环境的可持续发展。

1.2.3　低碳经济

低碳经济，以减少温室气体排放为目标，通过技术创新、制度创新、产业转型、新能源开发等多种手段，构筑低能耗、低污染为基础的经济发展体系，以减少煤炭、石油等高碳能源消耗，减少温室气体排放，达到经济社会发展与生态环境保护双赢。

1.3　国内生态文明建设进展

1.3.1　国家生态文明试点建设情况

为推进生态文明建设，环保部开展了生态文明建设试点工作，分别于2008年和2009年批准了两批共18个生态文明建设试点(见表1-1)。其中第一批包括北京市密云县，江苏省张家港市，浙江省安吉县，广东省深圳市、韶关市和珠海市共6个县市；第二批包括北京市延庆县，河北省承德市，上海市闵行区，江苏省常熟市、昆山市、江阴市、太仓市、无锡市，浙江省杭州市，广东省中山市，云南省洱源县，贵州省贵阳市共12个县市区。

表1-1　环保部生态文明试点

试点	第一批试点(6个)	第二批试点(12个)
北京(2个)	密云县	延庆县
上海(1个)		闵行区
江苏省(6个)	张家港市	常熟市、昆山市、江阴市、太仓市、无锡市
浙江省(2个)	安吉县	杭州市
广东省(4个)	深圳市、韶关市、珠海市	中山市

续表

	第一批试点(6个)	第二批试点(12个)
河北省(1个)		承德市
云南省(1个)		洱源县
贵州省(1个)		贵阳市

这两批试点均将生态创建作为生态文明建设的第一阶段目标，要求各试点参照《生态县、生态市、生态省建设指标(修订稿)》(环发〔2007〕195号)，开展生态县、生态市建设工作，已达到生态县(生态市)建设指标的地区，要修编生态县(市)建设规划，充实生态文明建设的内容。经实践证明，生态省(市、县)创建工作是落实科学发展观、建设资源节约型和环境友好型社会的有效载体，也是建设生态文明的具体措施。

2011年7月15日，第一届全国生态文明建设试点经验交流会在贵阳举行，会上总结了生态文明建设试点的工作成果和经验。已批准的18个生态文明建设试点，通过开展生态经济、生态环境、生态文化、生态人居的建设，已初步形成了能有效促进环境、经济与社会发展良性互动、良性循环的区域发展模式。

1.3.2 地方开展生态文明建设行动

自党的十七大提出生态文明建设的任务以来，各省市各级党委、政府纷纷采取了生态文明建设的行动计划。截至2012年5月，我国已有深圳、宁波、杭州等3个副省级城市，贵阳等29个地级市作出了建设生态文明的决定，确定了生态文明建设的路线图、时间表和工作任务分解(见表1-2)。

表1-2 地方开展生态文明规划内容

城市	主要规划内容描述	编制时间
杭州市	以科学发展观为指导，以建设生态文明城市为目标，提出了包括支撑体系、运作体系、建设体系、彰显体系和保障体系在内的杭州市生态文明建设框架，在产业生态转型、西部生态经济开发、土地生态管理、环境管理模式、生态文明建设抓手及示范等领域具有一定的前瞻性和创新性，在国内外同类生态文明建设规划研究中具有特色，规划方法对其他地区生态文明建设有参考价值。	2011

续表

城市	主要规划内容描述	编制时间
金坛市	在全面分析金坛市经济、资源和环境基本现状的基础上，提出了全面推进生态意识、生态产业、生态环境、生态人居、生态行为和生态制度六大体系建设，以增强科技创新能力、转变经济发展方式为抓手，配合实施统筹城乡环境保护、打造现代化生态家园、普及生态文明理念、创新环境管理机制等重点措施，体现了金坛特色，符合把金坛建成具有江南水乡特色的产业先进低碳城、智慧科技创新城、宜居宜游生态城、民生和谐幸福城的未来发展定位，为金坛推进生态文明建设、创建国家生态文明建设示范区提供了科学依据。	2010
临安市	规划由九个部分组成，分别是：生态文明建设的基础条件与挑战、生态文明建设规划总则、生态文明建设规划的指标体系、以“三生共赢”准则提升生态文明意识与生态文化、巩固生态环境的基础地位、推动经济发展模式转型、培育社会生活新方式、创建“环境—社会系统”运行新机制和生态文明建设规划实施的保障体系。	2012
苏州市	到 2020 年，苏州市将基本形成节约能源资源和保护生态环境的产业结构、增长方式和消费模式，最终把苏州建设成为全国率先实现科学发展的智慧城市、低碳城市和“宜居、宜业、宜游、宜商”的生态文明城市。确定了符合苏州特色的生态文明建设目标评估体系。该体系由生态文化、生产环境、生活经济、生态人居和生态制度等五大系统构成。	2009
珠海市	在全面分析珠海地理环境、自然条件、经济社会发展现状的基础上，提出了实现人与自然和谐，建设环境友好、生活富裕的新型生态文明城市的目标。确立了生态环境文明体系、生态产业文明体系等五大体系建设方向，提出了生态文明重点工程规划。	2011
常州市	提出了生态文明建设的空间分区方案，构建了“低碳产业、健康环境、生态人居、和谐文化、绿色制度”五大体系。	2010
宁波市	《宁波市加快建设生态文明行动纲要(2011—2015)》，主要包括节能减排、循环经济、绿色城镇、美丽乡村、清洁水源、清洁空气、清洁土壤、清洁海洋、森林宁波、绿色创建十大行动计划。	2011
深圳市	《深圳生态文明建设行动纲领(2008—2010)》，9 个配套文件。	2008
张家港市	该“规划”以促进人与自然和谐、推动可持续发展为核心，针对张家港市的环境质量、资源消耗和经济协调性等特点，提出了要营造生态文明城市氛围，建设生态文明人居环境，巩固和深化生态市建设成效，优化和提升城市功能，凝练和凸现港城特色。	2008

续表

城市	主要规划内容描述	编制时间
常州市武进区	“国内领先、国际知名”的武进生态文明品牌，在生态文明理念指导下全面实现现代化。计划用6年时间，到2015年全面建成全国生态文明区。2009—2012年为生态文明示范区建设期。此期间为生态文明建设全面启动并逐渐步入良性发展轨道，推广生态文明的道德观念、决策理念、生产方式和生活方式，逐步搭建起生态文明“六大系统”框架，基本形成人口、环境、资源与经济社会相互协调的可持续发展体系。2012—2015年为基本建成生态文明区期。2016年后为生态文明区建设深化、提升期。	2009
承德市	《承德市生态文明示范区建设规划（大纲）》初步确定了生态文明示范区建设任务，明确了从2008—2050年生态文明建设启动、建设和巩固提高三个阶段的创建目标，具体考核指标由生态文明素质、生态文明行为、生态文明效果三大系统37个要素构成。	2009
青州市	“青州市生态文明建设规划”课题组拟从“塑造生态文化、建立生态机制、建设生态环境、推进生态经济、构筑成效保障、策划生态活动”这几个关键环节入手，通过“以生态文化为灵魂、以生态环境为根基、以生态经济为核心、以生态格局为依托、以生态项目为载体”，对生态文明建设规划进行定性。	2009
江阴市	总目标是通过生态意识、生产行为、生活行为、生态环境、和谐宜居、生态制度“六大体系”文明建设，形成节约能源资源和保护生态环境的产业结构、增长方式和消费模式，率先建成“生态城、高技术产业城、旅游和现代服务城、宜居城”，为全国生态文明建设提供示范。	2009
昆山市	到2020年实现昆山经济、社会和生态环境全面协调发展，构建健康、持续、高效的生态经济社会体系，使昆山生态文明建设在全国保持领先水平。	2009
无锡市	规划明确要构建生态产业、倡导绿色行为、打造环境支撑、构造人居环境、完善生态制度和培育生态文明意识六大体系，总投资约72.11亿元，将实施六大类56个生态文明建设重点项目。无锡市开展生态文明建设试点，为太湖流域的生态文明建设奠定良好的基础。	2010
中山市	规划大纲提出生态文明建设六项重点领域，包括实施生态空间管控，优化城乡发展布局；推动产业绿色转型，提高资源能源效率；提升环境整治能力，保障区域环境安全；引导生活方式转变，普及社会生态行为；建立公众参与机制，树立生态文明意识；推动绿色行政建设，提高生态统筹能力。	2010

续表

城市	主要规划内容描述	编制时间
上海市闵行区	客观研究分析闵行区现状特征和发展趋势，在阐述生态文明产生与发展历程，及其理论内涵基础上，探讨低碳经济引领区域发展转型的模式，创造性地构建起闵行区生态文明建设指标体系，并形成了较为完善的生态文明建设规划框架，确定“六大领域”的主要规划任务与行动计划。	2010
宜兴市	构建生态文明建设的整体框架，包涵六个方面 38 项具体建设指标，围绕生态意识、生态产业、生态环境、生态人居、生活行为及生态制度等重点领域提出建设规划内容及技术方案，确定重点建设项目和相应的示范工程。	2010

1.4 北仑生态文明建设的内涵

城市是一个人工复合生态系统，具有开放性、复杂性、演变性。对一个城市而言，本地资源具有物理极限，其发展不仅依靠本地资源，还依靠外地资源，同时还为其他地区提供本地资源。同时，资源具有相对性，随着技术进步以及经济相对性，可供人类使用的资源种类越来越多，具有经济价值的资源品位也越来越多。因此，资源存在一个基于技术进步的可供线。环境承载力具有上限，是受生态系统内在作用规律制约的，受制于生态系统的物种种类及其相对关系，也与技术有关。对一定规模人口而言，资源存在一条最低需求线，以满足社会最小需求。该需求线与人口规模、社会需求水平、资源供给种类和结构等密切相关。

对一个封闭系统而言，资源耗用与环境排放服从于物质守恒定律，对于一个稳态社会而言，资源耗用等于环境排放。对一个发展中社会而言，环境排放要小于资源耗用，差值就是积存于社会中的物质财富净增量。由于资源耗用与排放的关系，存在一条环境排放技术下限。然而，城市是一个开放系统，因此与其他区域之间的物质交换在很大程度上影响着发展轨迹。例如，对一个资源型城市，其发展轨迹很可能是 AB 型；对一个消费型城市，其轨迹很可能是 AD 型。同时，发展轨迹还受到生产方式和消费模式的影响。对一个城市而言，生态文明的发展就是要确定一条合理的发展轨迹，该轨迹需要在合理的发展空间内，如图 1-1 所示。

综上所述，本研究将北仑区建设生态文明的内涵定义为：通过对北仑区社会经济空间发展格局转型、生产和消费活动生态化调整，以及适应生态文明建设的社会文化体系构建，促进空间、产业和生态“三螺旋”式的协同发展，通过生态安

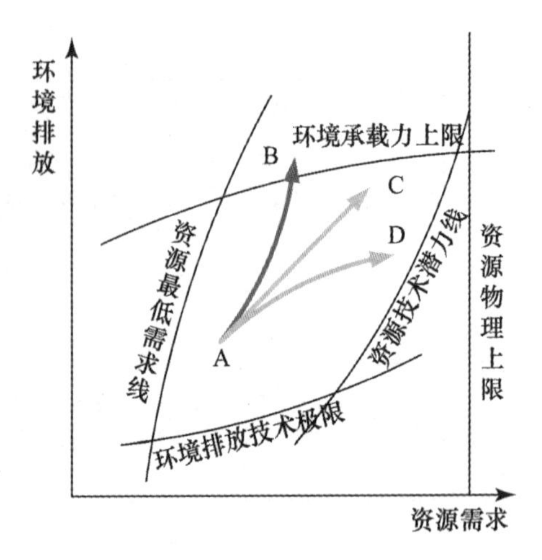

图 1-1　生态文明的发展空间

全保障项目建设和制度建设，促进北仑社会经济发展在本地生态承载能力范围内以合理的技术经济手段来最大限度地满足当地人们的物质需求和对环境质量的要求，同时提升生态文明意识，促进社会整体生态化转型。为此，需要辨析两组不同的发展变量，以帮助我们更好地把握生态文明的建设方向和路径选择。

第一组变量包括资源、技术和环境。这是一组受物理化学规律约束的变量集合。生态文明是因资源环境约束问题而起，是经济增长遭遇生态极限的必然诉求，因此经济社会必然不能超越地球或者区域生态承载能力而持续发展。然而，这并不表明人类要被动地接受生态承载力的约束。事实上，生态承载力是一个相对的概念，会因技术进步和分布格局等因素而变化。因此，我们在承认资源环境存在极限和刚性约束的同时，要做好以下三件事情：(1) 在生态系统领域做出努力，保持和扩增生态承载能力，拓展社会经济发展空间。(2)拓展资源，一方面要寻求可替代资源和可再生资源，另一方面要合理循环利用废物资源。(3)加强技术进步。经济发展在不同阶段会遭遇资源约束、资本约束或劳动力约束，但最终约束可能就是来自技术创新。换句话说，如果希望以技术进步来破解资源和环境约束，那么就必须寻找到合适的经济发展路径来促进技术进步。因此，建设生态文明必然要强调科技创新尤其是自主创新。值得注意的是，技术尽管有其服从于物理化学规律的自然属性，但技术并不是外生的，其诞生和发展是内生于社会经济系统的，这就需要探讨第二组变量。

第二组变量包括人口、经济和制度。这是一组受制于社会经济发展规律的变量集合。建设生态文明要：(1)稳定人口规模并优化人口结构，在走新型工业化道路的同时也要走出一条新型城镇化道路；(2)加快生产方式和消费模式的生态化转型，促进经济生态化重组；(3)合理制度安排。发挥组织优势和后发优势，利用制度安排来促进上述生态培育、资源拓展、清洁生产、可持续消费和废物循环领域的科技创新和生态转型。

【参考文献】

[1]刘士文，曹晨辉."生态文明"论析——一个马克思主义的视角.北京行政学院学报，2008(2):110－112.

[2]潘岳.社会主义生态文明.http://env.people.com.cn/GB 舠 4859837.html,2006－09－26.

[3]新华网广东频道.韶关：全国生态文明建设试点地区.http://www.gd.xinhuanet.com/dishi/2008－05/26/content_13367333.htm,2008－05－26.

[4]关于开展第二批全国生态文明建设试点工作的通知(环函〔2009〕135号).http://www.mep.gov.cngkmlhbb/bh/201004/t20100409_187990.htm? keywords＝生态文明,2009－06－11.

[5]童克难.杭州生态文明建设规划通过评审.http://www.zhb.gov.cnzhxxhjyw/201105/t20110523_210995.htm, 2011－05－23.

[6]金坛市人民政府网站.关于批准《金坛市生态文明建设规划(2010－2020)》的决议.http://www.jsjt.gov.cnzgjtinfodetail/Default.aspx? categoryNum＝002001001&infoid＝484a28f5－3161－42f5－b730－111cecfe7561&siteid＝1, 2012－06－25.

[7]临安市人民政府网站.《临安市生态文明建设规划》在京通过评审.http://www.linan.gov.cn/issuerootmain/index/index_jrla/20120525/8aa13147374e230b01378177d61200b5/index.shtml, 2012－05－25.

[8]苏州日报.《苏州市生态文明建设规划》通过专家论证.http://wm.jschina.com.cn 陔201106/t858371.shtml, 2011－06－16.

[9]黄慧诚.《珠海市生态文明建设规划》通过评审打造新型生态文明城市.http://www.zhb.gov.cnzhxxhjyw/201112/t20111216_221416.htm, 2011－12－16.

[10]常州日报.关于批准《常州市生态文明建设规划》的决议.http://www.changzhou.gov.cn/art/2012/5/23/art_23_218017.html, 2012－05－23.

[11]宁波市环境保护局.市委市政府印发《宁波市加快建设生态文明行动纲要(2011—2015)》.http://www.nbepb.gov.cn/Info_Show.aspx? ClassID＝2ba686c5－13, 2011－07－28.

[12]中国环境报.张家港生态文明建设规划通过论证.http://news.xinhuanet.com/environment/2009－04/16/content_11194556.htm,2009－04－16.

[13]《常州市武进区生态文明建设规划》在京通过论证.http://www.czghj.gov.cnczghlist.asp? NewsID＝2070, 2009－12－03.

[14]曹培锋.承德建设全国生态文明示范区.http://www.zhb.gov.cnzhxxhjyw/200902/t20090226_134664.htm, 2009－02－26.

[15]青州市规划局.《青州市生态文明建设规划》全面启动.http://www.sdqzghj.com/news.

asp? newsid=420,2009-02-24.

[16]环境保护部网站.江苏省江阴昆山两市生态文明建设规划通过环保部专家组论证. http://www.zhb.gov.cnzhxxgzdt/200912/t20091201_182468.htm,2009-12-01.

[17]高杰文雯.无锡生态文明建设规划通过论证投资70多亿建重点项目. http://www.zhb.gov.cnzhxxhjyw/201003/t20100318_186996.htm,2010-03-18.

[18]中国环境报.《中山市生态文明建设规划》纲要通过论证. http://www.gdepi.com.cn/bencandy.php? fid=101&id=1020,2010-07-29.

[19]《闵行区生态文明建设规划》通过专家评审. http://www.mhepb.gov.cn/news_detail.aspx? id=ff3a8986-6ce4-4e8b-8ea8-07231cf5432e,2010-03-29.

[20]宜兴市人民政府网站.我市《生态文明建设规划》顺利通过省级专家论证. http://www.yixing.gov.cn/default.php? do=detail&mod=article&tid=382407,2010-07-16.

2 生态文明建设模式

2.1 生态文明建设模式

2.1.1 张家港市:现代化滨江港口工业城市生态文明建设模式

张家港市是沿海和长江两大经济开发带交汇处的新型港口工业城市,是中国大陆经济最强县级市之一,从 1996 年至今,先后获得国家首个“环保模范城市”称号、入选首批国家生态示范区、首批国家生态市(县)、首批“生态文明建设试点地区”。在国内率先编制完成《张家港市生态文明建设规划》,并首家通过环保部组织的专家论证,已实现生态文明建设规划全覆盖。至 2012 年 11 月底,张家港市各镇“环境保护暨生态文明建设规划”也已通过苏州市环保局主持的专家评审。经过 10 多年的探索,张家港市已初步走出了一条生态文明之路。

《张家港市生态文明建设规划》是全国第一份生态文明建设规划,首次系统、完整地提出了生态文明建设的框架体系和发展模式,并对在更高层次上协调经济、社会、环境发展进行了有益的探索。《张家港市生态文明建设规划》以促进人与自然和谐、推动可持续发展为核心,提出要营造生态文明城市氛围,建设生态文明人居环境,巩固和深化生态市建设成效,优化和提升城市功能,凝练和凸现港城特色。其目标评估体系由生态意识文明、生态行为文明、生态制度文明、生态环境文明和生态人居文明等五大系统和 32 个要素构成。

张家港生态文明建设着重发展循环经济，开展资源节约、能量梯级利用、水的再生和回收利用；完成了节能减排"三三三"工程，即大气污染防治三年行动计划、生活污水管网建设三年规划和化工行业专项整治三年行动；注重生态意识建设，以环境宣传教育、生态创建为抓手，营造全民参与生态文明建设的氛围。

2.1.2 苏州市：长三角腹地生态文明建设模式

苏州地处长三角腹地，具有得天独厚的区位优势，其生态文明建设的重点在于，充分利用宁沪杭"金三角"区位优势，构建开放型生态经济，发展新型高端产业，增强自主创新能力，构建集约循环的生态产业体系。

2011 年 6 月通过国家论证的《苏州市生态文明建设规划》提出，到 2020 年，苏州市将基本形成节约能源资源和保护生态环境的产业结构、增长方式和消费模式，最终建成全国率先实现科学发展的智慧城市、低碳城市和"宜居、宜业、宜游、宜商"的生态文明城市。规划确立了坚持"以人为本、生态优先、统筹发展、持续繁荣"的发展理念，重点突出"东融上海、西育太湖、优化沿江、提升两轴"发展战略，以建设生态文明市为载体，以新型产业高端化发展引领结构调整为主线，以增强自主创新能力、打造新的战略增长极和营造绿色生态宜居环境为切入点，以"稳增长、促转型、惠民生、创和谐"为目标，利用宁沪杭"金三角"区位优势，激发市场活力，构筑开放型生态经济新格局的指导思想。规划明确了要构建自然和谐的生态环境体系、集约循环的生态产业体系、幸福安康的人居环境体系、健康文明的生态文化体系以及高效完善的生态制度体系。

2.1.3 贵阳市：西部内陆型城市生态文明建设模式

贵阳市早在 2002 年就被列为全国首个循环经济建设试点城市，当时因成效显著获得"中国城市管理进步奖"，为建设生态文明城市奠定了良好的基础，提供了丰富的经验。贵阳生态文明建设模式主要体现在体制机制的创新方面，组建全国首个环保法庭、环保审判庭，成立生态文明建设委员会，编制全国首部建设生态文明的地方性法规——《贵阳市促进生态文明建设条例》，为生态文明建设健全立法、创新政府管理体制和完善城市管理制度等作出了重要贡献。2007 年，贵阳市委通过了《关于建设生态文明城市的决定》；同年，贵阳市成立国内首家环保法庭、环保审判庭，坚决查处破坏生态环境的案件。2012 年 11 月，贵阳市生态文明建设委员会挂牌成立，委员会在原市环境保护局、市林业绿化局（市园林管理局）、市两湖一库管理局基础上整合组建，并将市文明办、发改委、工信委、住建局、城管局、水利局等部门涉及生态文明建设的相关职责划转并入，作为市政府的工作部门，负责全市生态文明建设的统筹规划、组织协调和督促检查等工作。2013年2月,《贵阳市建设生态文明城市条例》通过审议,于同年5月1日起实施。该条例是党的十八大召开后全国出台的首部生态文明建设地方性法规,对各种不利于生态文明建设的行为的罚款作出了明确的规定。

2.1.4　深圳市:提升城市品位,重点空间规划

划定了全市基本生态控制线,并通过政策和技术等手段保障实施,出台了《深圳市基本生态控制线管理规定》,结合卫星遥感监测技术,对生态控制线范围内土地开发建设模式实行严格控制。建设了全国唯一一个位于城市中心的国家级自然保护区,公园数量在全国各大城市中数量最多,规划建设专供市民步行、骑车、健身、休闲的绿道网体系,打造市民休闲游憩的宜居空间。

深圳市人民政府2008年4月7日发布《深圳生态文明建设行动纲领(2008—2010)》的9个配套文件及80个生态文明建设工程项目,也即"1980文件",是全国首个专题围绕生态文明建设而提出的地方政府文件。

《深圳生态文明建设行动纲领(2008—2010)》共分为三部分:第一部分主要讲建设生态文明的理念、目标、要求;第二部分分别从城市功能布局等四方面,说明建设生态文明的主要内容;第三部分主要从实施保障方面,强调对建设生态文明的落实。9个配套文件即《关于绿色政府的行动方案》、《关于提升城市规划品位与内涵的行动方案》、《关于打造最干净最优美城市的行动方案》、《关于推进节能减排的行动方案》、《关于打造绿色建筑之都的行动方案》、《关于水资源可持续利用的行动方案》、《关于推进住宅产业现代化的行动方案》、《关于建设绿色生态一体化综合交通体系的行动方案》、《关于打造安全深圳的行动方案》等文件。80项生态文明建设工程项目主要涉及节能减排和循环经济、水源建设和水环境治理、交通环境改善、市容环境园林绿化等方面,包括中心区完善工程、福田区凤塘河口红树林修复示范工程、红树林科普市政公园等等,力求用二至三年时间,通过大力实施这些项目,将城市生态文明和城市品位提高到一个新的水平。

深圳市将按照生态文明的标准和要求,从四个方面入手,全力打造精品深圳、绿色深圳、集约深圳和人文深圳。一是在提高城市规划水平、加强城市与建筑设计、促进特区内外一体化发展、加快绿色公共交通体系建设、创新和完善城市开发建设模式、加强城市综合管理等六个方面,科学谋划城市功能布局,打造精品深圳;二是在推进节能减排、构建生态安全格局、打造绿色城区和绿色建筑、推进环境污染治理、加强生态环保区域合作等五个方面,推进节能减排和生态建设,打造绿色深圳;三是在提高土地资源集约利用水平、实施水资源可持续利用战略、提高能源资源综合利用效率和固体废弃物循环利用等三个方面,优化城市资源管理,打造集约深圳;四是在加强住房保障、提高公共服务水平、加强历史文

化保护和城市更新、促进生态科技创新、提高生态文明素质等五个方面，提升人居环境质量，打造人文深圳。

2.1.5 安吉、临安、恩施：山区生态文明建设模式

1. 安吉模式

从山区县的角度发展生态文明，通过农业生态种植、旅游休闲观光园、农家乐建设等方式大力发展生态农业。依托良好的自然生态禀赋，以“中国美丽乡村”建设为总载体，从先进特色制造业、新农村建设、休闲经济、山区新型城市化样板、创业与人居优选地等方面，探索构建“安吉模式”。

2011年年初，中共浙江省委宣传部提出生态文明建设的“安吉模式”研究课题后，浙江农林大学经过近10个月的努力，完成了“生态文明建设的‘安吉模式’”调研报告。“安吉模式”从一个山区县的角度，为如何重视生态文明，如何发展生态文明提供了经验和样板，实现了城市和农村各自因地制宜发展，使农村地区享受到了城市文明但又没有被城市覆盖，没有使农村简单地变成城市；“安吉模式”将环境保护与经济发展结合起来，为从粗放型、低级发展向科学发展、转型发展提供了经验。

2. 临安模式

2012年5月，《临安市生态文明建设规划》在京通过评审。规划由九个部分组成，分别是：生态文明建设的基础条件与挑战、生态文明建设规划总则、生态文明建设规划的指标体系、以“三生共赢”准则提升生态文明意识与生态文化、巩固生态环境的基础地位、推动经济发展模式转型、培育社会生活新方式、创建“环境——社会系统”运行新机制和生态文明建设规划实施的保障体系。规划关于临安生态文明建设的意识与文化、自然保护与污染控制、经济发展模式转型、组织管理系统运行机制、生活方式转变等专项设计，符合国家相关要求和临安实际，具有较强的可操作性。该规划落实后，可将生态优势转化为生产优势、发展优势，促进临安综合经济实力的总体提升，可作为“临安模式”为今后全国生态文明建设提供更多更好的经验。

3. 恩施模式

以沼气建设为主线的生态家园建设，明确提出了“建70万口沼气池，争创全国沼气第一州”的工作目标。

2.1.6 长兴县:城镇村三元文明建设模式

长兴生态文明建设的方向是城乡均等化的城镇村三元文明共同发展模式,建设智慧县城,以低碳文化为特征,以智慧为资源,以新能源为基础,以信息技术为支撑,以文化创新为核心,建设一个低碳化、集约化、智能化、人本化的生态型智慧县城;建设温馨小镇,融自然山水、人文景观和现代公共服务设施于一体,结合当地历史文化和乡土特色又具有时代气息的温馨小镇;建设诗意乡村,建设居住条件良好、公共服务设施完善、市政工程设施配套齐全、村庄环境整洁优美、村庄文化别具特色的生态花园村庄。

2.1.7 无锡市:侧重于流域生态文明建设模式

无锡市委、市政府高度重视生态文明建设,截至 2012 年,无锡市已相继出台了《无锡市生态文明建设规划》、《无锡市生态文明行动计划》、《2012 年生态文明建设工程实施方案》、《关于全面推进"八项工程"、加快打造"四个无锡",确保在全省率先基本实现现代化的决定》等一系列相关政策意见,生态文明体系建设得到进一步完善。《无锡市生态文明建设规划》是长三角地区首家地级市编制的生态文明建设规划,于 2010 年 3 月 16 日通过了由环境保护部组织的专家论证。规划明确了要构建生态产业、倡导绿色行为、打造环境支撑、构造人居环境、完善生态制度和培育生态文明意识等六大体系,总投资约 72.11 亿元,将实施六大类的 56 个生态文明建设重点项目。

无锡市及其所辖市(区)全面开展市(区)建设和生态文明建设试点工作,为太湖流域的生态文明建设奠定了良好的基础,为全国作出表率,为世界提供经验。《无锡市生态文明建设规划》确定大力推进太湖保护区建设,以太湖治理为重点,推动水环境治理向水生态保护转变,使太湖周边生态功能逐步恢复;加快推进"三高两低"企业治理整顿,率先建成"排水用户全接管、污水管网全覆盖、污水处理厂全提标"的国内一流污水治理体系;太湖一级保护区内全面建成农村污水处理设施。

另外,《无锡市生态文明建设规划》强调,要建立健全严格的生态监管体系和生态考核体系,建立绿色政绩考核制度。运用价格、财政、信贷、保险等经济手段,逐步建立运转高效的资源环境制度体系;建立多元化的投入机制,各级政府设立引导资金,吸引更多社会资金进入生态文明城市建设,形成政府、企业、社会多元化投入机制。

2.1.8 杭州市:生态型人居建设模式

杭州市于2009年6月被列入第二批全国生态文明建设试点,2011年5月《杭州市生态文明建设规划》在京通过评审。规划确定了将杭州建设成为生态文明传承与创新引领区、国家生态文明建设先行先试区和国际生态城市最佳实践区,打造“生活品质之城、生产创新之城、生命活力之城、生态统筹之城”的目标,并提出了包括生态文明支撑体系、运作体系、彰显体系、保障体系和典型示范体系的生态文明建设框架。规划内容翔实,具有系统性和科学性,在产业生态转型、西部生态经济开发、土地生态管理、环境管理模式、生态文明建设抓手及示范等领域具有一定的前瞻性和创新性,在国内外同类生态文明建设规划研究中具有特色,规划方法对其他地区生态文明建设有参考价值。

杭州市先后获得了“国际花园城市”、“联合国人居奖”、“国家卫生城市”、“全国环保模范城市”、“全国绿化模范城市”、“中国环境奖城镇环境大奖”等国家级、世界级“桂冠”。开展治气、护水、增绿、禁噪四大生态工程,推进新安江、富春江、钱塘江“三江两岸”生态景观保护工程,公共自行车、“垃圾分类、清洁直运”、新能源出租车、“绿色大公交体系”等。特别是杭州的公共自行车,率先运行公共自行车租赁系统,将自行车纳入公共交通领域。“一小时免费制”的实施使系统自推出以来91.2%以上的公共自行车租用都是免费的。这种“绿色出行”的方式也已经被越来越多的市民所接受。杭州成为全球8个提供最棒公共自行车服务的城市之一。

2.1.9 中山市:现代化工业城市生态文明建设模式

中山市于2009年被列入第二批全国生态文明建设试点,2010年6月29日,《中山市生态文明建设规划》纲要通过专家论证。纲要提出中山市生态文明建设各阶段目标,2012年建设成为国家生态文明建设先进城市,2015年建成国家生态文明建设示范城市,2020年成为首批国家级生态文明城市。规划大纲提出生态文明建设六项重点领域,包括实施生态空间管控,优化城乡发展布局;推动产业绿色转型,提高资源能源效率;提升环境整治能力,保障区域环境安全;引导生活方式转变,普及社会生态行为;建立公众参与机制,树立生态文明意识;推动绿色行政建设,提高生态统筹能力。

2011年中山市获得“国家生态市”称号,下一步将加快生态文明建设步伐,建立绿色产业和能源、环境安全维护、绿色人居和消费、绿色理念宣教、绿色行政等五大体系,构建低碳经济圈、健康环境圈、宜居生活圈、和谐文化圈、高效制度圈,力争到2020年建成首批国家级生态文明城市。

2.1.10 云南省:休闲旅游城市生态文明建设模式

《七彩云南生态文明建设规划纲要》于2009年通过专家评审,规划纲要确定了2020年发展目标和十大工程。从2009年至2020年,云南省将围绕成为生态文明建设排头兵的总目标,从生态意识、生态行为、生态制度等三个领域着手,努力完成培育生态意识、发展生态经济、保障生态安全、建设生态社会、完善生态制度五大任务,实施九大高原湖泊及重点流域水污染防治、生物多样性保护、节能减排、生物产业发展、生态旅游开发、生态创建、环保基础设施建设、生态意识提升、民族生态文化保护、生态文明保障体系等十大工程。2012年12月,七彩云南生态文明建设研究与促进会议在昆明召开,会议重点讨论云南"生态立省、环境优先"发展战略中的"四个同步"建设,以促进云南生态文明建设。

2.1.11 海南省:生态省生态文明建设模式

海南省生态文明示范区建设是在海南生态省建设基础上的进一步提升。2009年海南省开展生态文明示范省建设专题调研,提出了海南省生态文明建设指标体系,包括绿色经济、环境友好、生态人居、生态文明意识四个方面51个指标。2012年《海南生态文明示范区建设规划(2013—2030年)》完成,在对生态省建设的成就和经验进行总结的基础上,开展了海南省生态文明示范区建设的八项专题研究,包括:海南生态文明示范区建设定位与总体战略研究、海南城市生态文明建设研究海南美丽乡村建设研究、海南流域生态文明建设研究、海南海洋生态文明建设研究、海南产业生态文明建设研究、海南环境保护与生态建设战略研究、海南生态文明制度与生态文化建设研究。规划提出了生态文明建设的三大空间格局建设,包括产业发展布局、区域发展布局、生态安全格局,重点完成生态产业体系、绿色行为方式、环境保护与生态建设、生态人居建设、生态文明制度建设、生态文化培育等六大建设任务。

2.2 北仑生态文明建设的指导思想与战略目标

2.2.1 指导思想

北仑生态文明建设的指导思想是:认真贯彻落实科学发展观和省委、市委关于推进生态文明建设的精神,以创建国家级生态文明建设先行区和树立临港产业区生态文明建设北仑模式为目标,从全局和战略高度明确北仑发展格局、产业定位和开发时序，更加注重塑造生态未来，更加注重构筑开放格局，更加注重生态创新发展，更加注重发展惠及人民，更加注重彰显生态文化魅力，对北仑区社会经济空间格局进行战略拓展与调整，对生产和消费活动进行生态化调整，构建适应生态文明要求的生态环境体系和社会文化体系，促进港口、产业和城镇“三螺旋”式的协同发展，在本地生态承载能力范围内以合理的技术经济手段来最大限度地满足北仑人们的物质需求、精神需求和对环境质量的要求，走生产发展、生活富裕、生态良好“三生共赢”的文明发展道路。

树立“生态北仑，文明港城”临港产业区生态文明建设北仑模式，创建国家级生态文明建设示范区，塑造适应生态文明要求的发展格局和构建生态产业、人居环境、生态环境和社会文化体系，促进港口、产业和城镇“三螺旋”式的协同发展，走生产发展、生活富裕、生态良好“三生共赢”的文明发展道路。

形成布局合理、功能协调的生态发展格局。通过建设形态各异、功能齐全的生态景观长廊和生态斑块，努力建成覆盖北仑、沟通内外的绿色生态网络；通过实施空间整合和拓展战略，以梅山保税港区和春晓新城开发建设为契机，大力推进“中提升、南加速、东拓展、西联动”战略，加快形成“一区三城多节点” 城镇发展新格局，通过产业调整和聚集发展战略，积极推动以“八大产业基地”为重点“一区两带两片块” 产业发展新格局建设。通过调整、提升北仑经济社会和生态空间，努力形成“前港后城、南居北工、绿色连接”的北仑生态文明建设总体发展格局。

2.2.2 战略目标

——建设清洁低碳、循环高效的生态经济体系。构建生态农业、生态工业、生态服务业协调发展的产业体系，形成先进制造业和现代服务业“双轮驱动”。积极推广清洁生产，重点发展低碳、循环经济，优化能源结构，推广清洁能源，提高水资源和能源利用效率和效益。力争到 2015 年，GDP 达到 1000 亿元，第三产业占 GDP 比重达 37%，高新技术产业占工业产值比重达 40%。

——建设宜居宜工、健康和谐的人居环境体系。城乡空间布局得到进一步优化，港区、工业区、城区实现良性发展；环保基础设施和市政配套不断健全，生态安全防护能力不断提升，公众对环境的满意率达到 80%。城区生活垃圾无害化处理率达到 100%。城区生活污水集中处理率达到 85%，农村生活污水集中处理率达到 50%，实施生活污水处理的村达到 70%；城区生活垃圾无害化处理率达到 100%。

——建设碧水蓝天、山川秀美的生态环境体系。生态环境综合指数保持在 80%以上，“森林北仑”创建工作完成，森林覆盖率达到 50%以上，建成区绿地率达到38%，城市空气质量优良率达到92%，并逐步提高；集中式饮用水源水质达标率达到100%，江河三大水系Ⅲ类水达标率50%；水土环境质量明显改善，废弃矿山得到全面修复，近海海域生态基本得到修复，省级生态乡镇和全国环境优美乡镇比例达到80%以上。

——建设科学理性、绿色健康的生态文化体系。积极开展环境保护知识和技能培训，广泛传播生态文明知识，使公众对生态文明建设的知晓率达到80%以上，基层绿色生态创建活动覆盖面达到60%；生态文化加快发展，绿色消费模式和文明生活方式基本建立，公交出行比率达到20%，使保护环境、善待自然、节约资源的理念逐步成为良好的社会风尚和广大群众的自觉行为。

【参考文献】

[1]陈宗兴. 生态文明建设重在实践. http://www. zjg. gov. cnhomeinfodetail/? infoid=9be557f1-d28f-4a05-bbf5-061614a98d0c&categoryNum=002008, 2012-09-03.

[2]张家港市实现生态文明建设规划全覆盖. http://www. jshb. gov. cn/jshbwxwdtsxxx/201212/t20121221_223553. html, 2012-12-21.

[3]张家港生态文明建设规划通过论证. http://news. xinhuanet. com/environment/2009-04/16/content_11194556. htm, 2009-04-16.

[4]张家港日报. 张家港市生态文明建设纪实. http://www. js. xinhuanet. com/zjg/2008-08/12/content_14102473. htm,2008-08-12.

[5]苏州日报.《苏州市生态文明建设规划》通过专家论证. http://wm. jschina. com. cn 陔201106/t858371. shtml, 2011-06-16.

[6]贵阳日报. 贵阳市生态文明建设委员会挂牌成立. http://www. chinadaily. com. cndfpdgz/2012-11/28/content_15968241. htm, 2012-11-28.

[7]深圳特区30年不懈探索环保新道路致力建设生态文明示范城市. http://www. gdep. gov. cn/zwxx_1hbxx201011/t20101126_115726. html, 2010-11-26.

[8]深圳政府在线. 深圳市人民政府关于印发深圳生态文明建设行动纲领(2008—2010)和九个配套文件及生态文明建设系列工程的通知(深府〔2008〕42号). http://www. sz. gov. cnzfgb2008/gb590/200810/t20081019_93522. htm,2008-03-10.

[9]生态文明建设的安吉模式. http://ajnews. zjol. com. cn/ajnews/system/2012/03/03/014798197. shtml, 2012-03-03.

[10]临安人民政府网站. "临安市生态文明建设规划"在京通过评审. http://www. linan. gov. cn/issuerootmain/index/index_jrla/20120525/8aa13147374e230b01378177d61200b5/index. shtml, 2012-05-25.

[11]陈安国，张孝德，樊继达. 扬弃与超越中的城镇村三元文明模式——以浙江长兴县生态文明建设为例. 上海城市管理，2011,20(3):39-42.

[12]魅力无锡步入生态文明. http://www. njhb. gov. cn/art/2012/8/7/art_36_34387. html,

2012－08－07.
[13]长三角首家地级市生态文明规划通过论证. http://www. jshb. gov. cn/jshbwxwdtslyw/201003/t20100317_150795. html,2010－03－17.
[14]中国环境报. 杭州编制生态文明建设规划. http://gongyi. ifeng. com/gundong/detail_2011_05/13/6371676_0. shtml,2011－05－13.
[15]童克难. 杭州生态文明建设规划通过评审. http://www. zhb. gov. cnzhxxhjyw/201105/t20110523_210995. htm,2011－05－23.
[16]《中山市生态文明建设规划大纲》顺利通过专家论证会. http://www. zsepb. gov. cn/cjstsgzdt201007/t20100715_5788. jsp, 2010－07－15.
[17]黄庭辉. 中山获"国家生态市"称号. http://www. people. com. cn/h2011/0713/c25408－1721242206. html,2011－07－13.
[18]郑劲松. 云南生态文明建设规划纲要通过评审. http://www. cenews. com. cnxwzxzhxw/qt/200906/t20090626_618829. html,2009－06－26.
[19]中国环境报. 云南举行生态文明建设研究与促进会议保护七彩云南建设生态文明. http://www. envir. gov. cninfo2012/12/1231678. htm, 2012－12－31.

3 生态文明评价指标体系

3.1 生态文明评价指标体系的构建

3.1.1 城市尺度国家部委相关指标体系

我国自1990年以来，国家各部委相继提出了一系列城市(区)考核模式，目的都是推进国内城市的环境改善与可持续发展(见表3-1)。

表3-1 国家级城市考核指标体系汇总

时 间	城市考核指标体系	发起单位
1992	园林城市	建设部
1997	环保模范城市	原国家环境保护总局
1997	城市环境综合整治定量考核	原国家环境保护总局
1999	卫生城市	全国爱国卫生运动委员会
2003	生态城市	原国家环境保护总局
2003	循环经济示范区	原国家环境保护总局
2004	文明城市	中央精神文明建设指导委员会
2004	生态园林城市	建设部
2005	循环经济国家试点	国家发展与改革委员会
2007	可持续发展示范区	科技部

3.1.2 生态文明指标体系

到目前为止，国家各部委还没有出台关于生态文明建设的统一规范性指标体系。目前我国在生态文明建设指标体系实践上，主要参考原国家环境保护总局制定的生态县、生态省(2007修订稿)建设指标体系，国家建设小康社会指标体系，新农村建设的指标体系，以及中央编译局2008年发布的国内首个"生态文明建设(城镇)指标体系"。

2008年7月8日，中央编译局正式发布国内首个"生态文明建设(城镇)指标体系"。该评价体系试图通过包括单位GDP能耗、工业固体废物综合利用率等30个指标"核定"一个地区的生态文明的程度。这套指标体系是中央编译局和厦门市委共同组建的课题组经过三年完成的，该指标体系由相应的《生态文明指标体系研究》支持，承担单位为厦门市环保局。

为了落实国家生态文明发展战略，复旦大学中外现代化进程研究中心"中国社会主义现代化指标体系研究"课题组提出了长三角城市生态文明进程评价指标体系，并对长三角十六个城市在2007年、2008年的状况进行了比较分析。

2008年10月24日，《贵阳市建设生态文明城市指标体系及监测方法》正式发布。

关于生态文明建设指标体系，目前学术界已经开展了一定的研究。厦门市环保局的关琰珠等于2007年提出了包含32项指标的生态文明指标体系。江苏环科院的王贯中等，根据生态文明市的内涵和特征，建立了生态文明市建设评估指标体系。北京林业大学的杜宇等从自然、经济、社会、政治、文化五个角度设计出包含34个指标的生态文明建设评价指标框架。国家发改委能源研究所的朱松丽等人提出了一套生态文明指标体系，由生态环境指标、经济指标和文化制度指标三个部分构成。

3.1.3 北仑生态文明建设考核指标体系的建立

1. 建立原则

——以国家部门指标为主(城考、环保模范城市，生态城市)，辅以其他指标。
——综合参考各地方生态文明建设指标体系相关研究。
——以经济—环境—文化—管理为基本框架。
——尊重北仑实际情况，服务于北仑创建生态文明的可能时序。
——简单，可操作。

2. 评价指标体系

北仑生态文明建设考核指标体系分为四大类 66 项指标，包括 16 项生态经济指标、26 项生态环境指标、19 项生态文化及民生指标、5 项生态管理指标。具体如表 3-2 所示。

表 3-2 北仑生态文明建设考核指标体系

总体层次	次层次	指 标
生态经济(16)	经济指标(6)	人均 GDP(万元)；GDP 增长率；第三产业占 GDP 比重(%)；生态环境投资指数(%)；R&D 经费支出占 GDP 比重(%)；高新技术产业占工业产值比重(%)
	经济一资源环境关联指标(10)	单位 GDP 水耗；单位工业增加值取水量；单位 GDP 能耗；单位工业增加值能耗；工业 COD 排放强度；工业氨氮排放强度；工业 SO_2 排放强度；工业 NO_x 排放强度；碳排放强度；单位工业增加值固废产生量
生态环境(26)	环境压力及承载力指标(5)	全社会人均能耗；全社会人均水耗；全社会人均碳足迹；建成区绿地率；森林覆盖率
	环境质量指标(6)	空气环境质量指数(API)优良率(%)；主要饮用水源水质达标率(%)；水环境功能区水质达标率；噪声达标区覆盖率；公众对城市环境保护满意率；重特大环境污染和生态破坏事件发生次数
	基础设施及循环利用指标(15)	重点工业企业污染物排放稳定达标率；工业用水重复利用率(%)；城区污水再生利用率；城区生活污水集中处理率；农村污水集中处理率(%)；农村安全卫生水普及率(%)；海水使用比率(%)；清洁能源使用率(%)；工业集中供热率；工业固体废物综合利用率(%)；主要大宗废物循环利用率(%)；工业危险废物处置率；生活垃圾分类收集率；城市生活垃圾无害化处理率(%)；规模化畜禽养殖场粪便综合利用率(%)

续表

总体层次	次层次	指　标
生态文化及民生(19)	可持续消费指标(6)	城镇日人均生活用水量(升/人);城镇人均生活垃圾排放量(千克/人);公交出行比率;城市人均住房面积;政府绿色采购率(%);节能节水器具的家庭使用率
	社会、民生指标(13)	城镇化率(%);人口增长率(‰);出生人口性别比;居民平均预期寿命(岁);城市居民人均可支配收入(元);农民人均纯收入(元);城乡居民收入比;恩格尔系数;城镇登记失业率;社会保险覆盖率;新型农村合作医疗农民参合率;科教、文化、法律、卫生进社区活动覆盖面(%);区级以上(含县级)文明社区的比例(%)
生态管理(5)	生态管理指标(5)	环境保护目标责任制,环境保护机构建制;环境信息发布制度及环境突发事件应急预案;健全完善生态预警机制;重点行业清洁生产审核执行率;重点企业 ISO14000 认证率

3. 十大核心指标

根据对北仑生态文明建设内涵的解读,本研究提出如下十大核心指标,如表 3-3所示。

三个 GDP 相关指标用以反映北仑区经济发展与资源耗用和环境影响的耦合关系。按照生态文明发展要求,经济发展需要与资源耗用和环境影响“脱钩”,即经济发展要逐渐摆脱对资源的依赖和对环境的负面冲击。三个人均指标用以反映北仑区资源耗用和环境影响的规模和水平。四个工业排放强度指标用以反映工业发展所带来的环境冲击。考虑到北仑区重化工业的战略定位和现实地位,工业将是长期的发展主体与动力,因此有必要设立与工业相关的核心指标。

表 3-3　北仑生态文明建设十大核心指标

指标类别	具体指标
GDP 相关指标	单位 GDP 水耗(m^3/万元)
	单位 GDP 能耗(吨标煤/万元)
	碳排放强度(吨/万元)
人均指标	全社会人均水耗(吨/人)
	全社会人均能耗(吨/人)
	人均碳足迹(千克/人)

续表

指标类别	具体指标
工业污染物排放指标	工业 COD 排放强度/排放量
	工业氨氮排放强度/排放量
	工业 SO_2 排放强度/排放量
	工业 NO_x 排放强度/排放量

3.2 北仑生态文明规划指标

3.2.1 北仑生态文明建设现状评估

以 2009 年为现状值基准，将北仑区生态文明建设考核指标与参考值进行对比，北仑生态文明建设现状评估结果如表 3-4 所示。

2009 年，北仑区已经达标的指标有 43 项，存在差距的 23 项，其中接近参考值并通过努力可以尽快实现的有 7 项，差距较大的有 16 项(见表 3-5)。

表 3-4 北仑生态文明建设现状评估结果

层次	亚层次	指标名称	参考值	参考值来源	现状值 2009 年	指标计算说明
生态经济	经济指标	人均 GDP(常住人口)(万元)	＞2 万元	旧创模	6.4	
		GDP 增长率(%)	＞全国平均水平，8.7	旧创模	10.1	
		第三产业占 GDP 比重(%)	三产≥40	生态城市	35	现状来自“十二五”规划纲要 2010 年预计值
		生态环境投资指数(%)	≥3.5	生态城市	—	
		R&D 经费支出占 GDP 比重(%)	＞全国平均水平，1.62		2.1	
		高新技术产业占工业产值比重(%)			35.6	

续表

层次	亚层次	指标名称	参考值	参考值来源	现状值 2009年	指标计算说明
生态经济	经济—资源环境关联指标	单位GDP水耗(m^3/万元)	<全国平均水平	创模	44	水耗为工业新鲜用水+生活和其他用水量，不含海水
		单位工业增加值取水量(m^3/万元)	≤20	生态城市	40	取水量为不含海水的总新鲜用水量
		单位GDP能耗(吨标煤/万元)	≤0.9	生态城市	1.17	
		单位工业增加值能耗(吨标煤/万元)	<全国平均水平，2.3	新创模	1.71	
		工业COD排放强度(千克/万元工业增加值)	≤4.0	生态城市	1.53	
		工业氨氮排放强度(千克/万元工业增加值)			0.07	
		工业SO_2排放强度(千克/万元工业增加值)	≤5.0	生态城市	12.32	
		工业NO_x排放强度(千克/万元工业增加值)			33.08	
		碳排放强度(吨CO_2/万元GDP)			8.60	
		单位工业增加值固体废弃物产生量(吨/万元)	<全国平均水平，1.47		1.89	
生态环境	环境压力及承载力指标	全社会人均能耗(吨/人)	<全国平均水平，2.32		7.58	全社会能耗/常住人口
		全社会人均水耗(m^3/人)			287	全社会需水总量/常住人口数
		人均碳足迹(吨CO_2/人)			55.6	全社会二氧化碳排放量/总人口数
		建成区绿地率(%)	>30	文明城市	35.3	
		森林覆盖率(%)	丘陵区>40	生态城市	41.9	
	环境质量指标	空气环境质量指数(API)优良率(%)	>85	创模	91.2	
		主要饮用水源水质达标率(%)	100	创模	100	
		城区水环境功能区水质达标率(三大水系全部达到Ⅲ类水，海域达到水体功能区要求水质)(%)	100	生态园林城市	江河三大水系Ⅲ类水达标率33.3%，海域劣Ⅳ类	
		噪声达标区覆盖率(%)	≥95	生态园林城市	100	
		公众对城市环境保护的满意率(%)	>90	生态城市	62.64	
		重特大环境污染和生态破坏事件发生次数			0	

续表

层次	亚层次	指标名称	参考值	参考值来源	现状值 2009年	指标计算说明
生态环境	基础设施及循环利用指标	重点工业企业污染物排放稳定达标率(%)	100	新创模	90	
		工业用水重复利用率(%)	≥80	生态城市	94.8	工业重复用水量/工业用水总量
		城区污水再生利用率(%)	≥30	生态园林城市	47.5	城市再生水使用量/城市污水处理量
		城区生活污水集中处理率(%)	>85	生态城市	70	
		农村污水集中处理率(%)			15	
		农村安全卫生水普及率(%)	100	生态园林城市	99.2	
		海水使用比率(%)			58.8	海水使用量/用水总量(含海水)
		清洁能源使用率(%)	>50	新创模	15	城市清洁能源使用率特指城市地区清洁能源使用量与城市地区终端能源消费总量之比,清洁能源指煤和重油以外的能源终端能源消费总量之比
		工业集中供热率(%)			95	
		工业固体废物综合利用率(%)	>90	创模	71	
		主要大宗废物循环利用率(%)			70	
		工业危险废物处置率(%)	100	创模	100	
		生活垃圾分类收集率(%)			0	反映居民是否开始垃圾分类的指标
		城市生活垃圾无害化处理率(%)	≥90	生态城市	100	
		规模化畜禽养殖场粪便综合利用率(%)	≥95	江苏环科院生态文明指标	88	
生态文化及民生	可持续消费指标	城乡日人均生活用水量(升/人)			186	城镇和农村居民的平均水平
		城镇日人均生活垃圾排放量(千克/人)	<全国平均水平,0.7		1.68	
		公交出行比率(%)	>15	园林城市	18	
		城市人均住房面积(m^2)	>21	文明城市	29.7	
		政府绿色采购率(%)			—	
		节能节水器具的家庭使用率(%)			—	

续表

层次	亚层次	指标名称	参考值	参考值来源	现状值	指标计算说明
					2009 年	
生态文化及民生	社会、民生指标	城市化率(%)	≥55	生态城市	60	
		人口自然增长率(‰)	＜全国平均水平,5.05		2.1	
		出生人口性别比(男:女)			108∶100	
		居民平均预期寿命(岁)	＞73	文明城市	72	
		城镇居民人均可支配收入(元)	＞10000	新创模	27368	
		农民人均纯收入(元)	≥8000	生态城市	13414	
		城乡居民收入比	全面建设小康社会控制指标 2.8	国际惯例认为＜0.4 比较合理	2.0	城镇居民人均可支配收入/农民人均纯收入
		恩格尔系数(城市/农村)(%)	＜38	文明城市	35.4/39.6	
		城镇登记失业率(%)			3.23	
		社会保险覆盖率(%)	＞95	文明城市	100	
		新型农村合作医疗农民参合率(%)			98.5	
		科教、文化、法律、卫生进社区活动覆盖面(%)	＞80	文明城市	—	
		区级以上文明社区的比例(%)	＞70	文明城市	—	
	生态管理指标	环境保护目标责任制,环境保护机构建制	责任制落实,环境指标纳入政绩考核,环保机构独立建制,环境保护能力建设达到国家标准化建设要求	创模	有	
		环境信息发布制度及环境突发事件应急预案	已制定	创模	有	
		健全完善生态预警机制			有	
		规模企业实施清洁生产的比例(%)	≥90	江苏环科院生态文明指标	75	
		重点企业 ISO14000 认证率(%)	≥90	江苏环科院生态文明指标	45	

注:(1)全国平均数据均来自 2009 年中国国民经济和社会发展统计公报;(2)如无特别说明,参考值数据均为 2009 年数据。

表 3-5 北仑生态文明建设现状未达标指标

指标类型	指标总数	未达标数量	未达标的指标名称
生态经济	16	6	服务业增加值占 GDP 比重(%)
			单位 GDP 水耗(m^3/万元)*
			单位工业增加值取水量(m^3/万元)*
			单位 GDP 能耗(吨标煤/万元)*
			工业 SO_2 排放强度(千克/万元 GDP)*
			单位工业增加值固体废弃物产生量(吨/万元)
生态环境	26	12	全社会人均能耗(吨/人)*
			城市水环境功能区水质达标率(%)*
			公众对城市环境保护的满意率(%)*
			重点工业企业污染物排放稳定达标率(%)*
			城市污水再生利用率(%)*
			城市生活污水集中处理率(%)*
			农村污水集中处理率(%)*
			农村安全卫生水普及率(%)*
			清洁能源使用率(%)*
			工业固体废物综合利用率(%)*
			生活垃圾分类收集率(%)*
			规模化畜禽养殖场粪便综合利用率(%)
生态文化及民生	19	3	城镇日人均生活垃圾排放量(千克/人)
			居民平均预期寿命(岁)
			恩格尔系数(城市/农村)*
生态管理	5	2	规模企业实施清洁生产的比例(%)
			重点企业 ISO14000 认证率(%)
总计	66	23	

注:加注上标 * 的为与参考值差距较大的指标,其余的为接近参考值且通过努力可尽快实现的指标。

3.2.2 北仑生态文明建设指标预测

对北仑生态文明各项指标进行中期(2015 年)和远期(2020 年)预测,预测结果见表 3-6。

表 3-6 北仑生态文明建设指标预测结果

层次	亚层次	指标名称	现状值	预测值	
			2009 年	2015 年	2020 年
生态经济	经济指标	人均 GDP(常住人口)(万元)	6.4	11.0	17.6
		GDP 增长率(%)	10.1	14.0	12.0
		第三产业占 GDP 比重(%)	35	37.0	38.0
		生态环境投资指数(%)	—	≥3.5	≥3.5
		R&D 经费支出占 GDP 比重(%)	2.1	2.5	3
		高新技术产业占工业产值比重(%)	35.6	40	45
	经济—资源环境关联指标	单位 GDP 水耗(m^3/万元)	44	25	15
		单位工业增加值取水量(m^3/万元)	40	29	16
		单位 GDP 能耗(吨标煤/万元)	1.17	0.92	0.69
		单位工业增加值能耗(吨标煤/万元)	1.71	1.36	0.92
		工业 COD 排放强度(千克/万元工业增加值)	1.53	0.84	0.41
		工业氨氮排放强度(千克/万元工业增加值)	0.07	0.04	0.02
		工业 SO_2 排放强度(千克/万元工业增加值)	12.32	6.10	3.15
		工业 NO_x 排放强度(千克/万元工业增加值)	33.08	5.24	2.34
		碳排放强度(吨 CO_2/万元 GDP)	8.60	6.17	3.98
		单位工业增加值固体废弃物产生量(吨/万元)	1.89	1.11	0.62
生态环境	环境压力及承载力指标	全社会人均能耗(吨/人)	7.58	10.37	12.15
		全社会人均水耗(m^3/人)	287	275	260
		人均碳足迹(吨 CO_2/人)	55.6	67.0	68.8
		建成区绿地率 (%)	35.3	38	40
		森林覆盖率(%)	41.9	43	45

续表

层次	亚层次	指标名称	现状值	预测值	
			2009 年	2015 年	2020 年
生态环境	环境质量指标	空气环境质量指数(API)优良率(%)	91.2	92	95
		主要饮用水源水质达标率(%)	100	100	100
		城区水环境功能区水质达标率(三大水系全部达到Ⅲ类水,海域达到水体功能区要求水质)(%)	江河三大水系Ⅲ类水达标率 33.3%,海域劣Ⅳ类	江河三大水系Ⅲ类水达标率 50%,海域镇海—北仑—大榭四类区达到Ⅳ类水,梅山岛海域达到相关要求	江河三大水系Ⅲ类水达标率 70%,海域镇海—北仑—大榭四类区达到Ⅳ类水,梅山岛海域达到相关要求
		噪声达标区覆盖率(%)	100	100	100
		公众对城市环境保护的满意率(%)	62.64	80	90
		重特大环境污染和生态破坏事件发生次数	0	0	0
	基础设施及循环利用指标	重点工业企业污染物排放稳定达标率(%)	90	95	100
		工业用水重复利用率(%)	94.8	95.8	96.1
		城区污水再生利用率(%)	47.5	50	60
		城区生活污水集中处理率(%)	70	85	90
		农村污水集中处理率(%)	15	50	85
		农村安全卫生水普及率(%)	99.2	100	100
		海水使用比率(%)	58.8	60.0	65.0
		清洁能源使用率(%)	15	16	18
		工业集中供热率(%)	95	100	100
		工业固体废物综合利用率(%)	71	90	100
		主要大宗废物循环利用率(%)	70	100	100
		工业危险废物处置率(%)	100	100	100
		生活垃圾分类收集率(%)	0	50	90
		城市生活垃圾无害化处理率(%)	100	100	100
		规模化畜禽养殖场粪便综合利用率(%)	88	90	95

续表

层次	亚层次	指标名称	现状值	预测值	
			2009 年	2015 年	2020 年
生态文化及民生	可持续消费指标	城乡日人均生活用水量(升/人)	186	185	185
		城镇日人均生活垃圾排放量(千克/人)	1.68	1.2	0.7
		公交出行比率(%)	18	20	25
		城市人均住房面积(m^2)	29.7	32	35
		政府绿色采购率(%)	—	50	80
		节能节水器具的家庭使用率(%)	—	20	50
	社会、民生指标	城市化率(%)	60	65	70
		人口自然增长率(‰)	2.1	< 3	< 3
		出生人口性别比(男:女)	108∶100	107∶100	105∶100
		居民平均预期寿命(岁)	72	73	75
		城镇居民人均可支配收入(元)	27368	48900	60000
		农民人均纯收入(元)	13414	26000	35000
		城乡居民收入比	2.0	1.9	1.7
		恩格尔系数(城市/农村)(%)	35.4/39.6	35/38	30/35
		城镇登记失业率(%)	3.23	<3.5	<3.5
		社会保险覆盖率(%)	100	100	100
		新型农村合作医疗农民参合率(%)	98.5	100	100
		科教、文化、法律、卫生进社区活动覆盖面(%)	—	>80	>80
		区级以上文明社区的比例(%)	—	>80	>80
生态管理指标		环境保护目标责任制,环境保护机构建制	有	有	有
		环境信息发布制度及环境突发事件应急预案	有	有	有
		健全完善生态预警机制	有	有	有
		规模企业实施清洁生产的比例(%)	75	≥90	≥90
		重点企业 ISO14000 认证率(%)	45	≥90	≥90

1. 十大核心指标预测结果

北仑生态文明建设核心指标预测结果如表 3-7 所示。

表 3-7 北仑生态文明建设核心指标预测结果

指标类别	指标名称		参考值	参考值来源	现状值	预测值	
					2009 年	2015 年	2020 年
GDP相关指标	单位 GDP 水耗(m^3/万元)		<全国平均水平	创模	44.4	24.5	14.8
					增长率	−44.8%	−39.6%
	单位 GDP 能耗(吨标煤/万元)		≤0.9	生态城市	1.17	0.92	0.69
					增长率	−21.2%	−25.0%
	碳排放强度(吨/万元 GDP)				8.60	6.17	3.98
					增长率	−28.3%	−35.4%
人均指标	全社会人均总水耗(吨/人)				287	275	260
					增长率	−4.1%	−5.4%
	全社会人均总能耗(吨/人)		<全国平均水平,2.32		7.58	10.37	12.15
					增长率	36.8%	17.1%
	人均碳足迹(吨 CO_2/人)				55.61	67.02	68.82
					增长率	20.5%	2.7%
工业污染物排放指标	工业 COD	排放量(吨)	≤4.0	生态城市	3802	4598	4626
					增长率	20.9%	0.6%
		排放强度(千克/万元工业增加值)			1.53	0.84	0.41
					增长率	−45.2%	−50.8%
	工业氨氮	排放量(吨)	<全国平均水平,1.47		172	208	209
					增长率	20.9%	0.6%
		排放强度(千克/万元工业增加值)			0.07	0.04	0.02
					增长率	−45.2%	−50.8%
	工业 SO_2	排放量(吨)	≤5.0	生态城市	30700	33566	35409
					增长率	9.3%	5.5%
		排放强度(千克/万元工业增加值)			12.32	6.10	3.15
					增长率	−50.5%	−48.4%
	工业 NO_x	排放量(吨)			82400	28840	26368
					增长率	−65.0%	−8.6%
		排放强度(千克/万元工业增加值)			33.08	5.24	2.34
					增长率	−84.1%	−55.3%

2. 工业产值预测

北仑工业产值预测结果如表 3-8 所示。

表 3-8　北仑工业产值预测结果　　单位:亿元

行业	2009 年现状值	2015 年预测值	2020 年预测值
化学原料及化学制品制造业产值	248	750	1500
黑色金属冶炼及压延加工业产值	201	300	500
交通运输设备制造业产值	103	400	600
电力、热力的生产及供应业产值	107	150	200
专用设备制造业产值	78	120	300
通用设备制造业产值	54	80	150
农副食品加工业产值	50	80	100
纺织服装、鞋、帽加工业产值	7	10	50
造纸及纸制品业产值	46	60	100
电气机械及器材制造业产值	46	80	150
纺织业产值	102	120	180
金属制品业产值	28	50	100
塑料制品业产值	45	80	150
文教体育用品制造业产值	25	40	50
通信设备、计算机及其他电子设备产值	27	60	150
非金属矿物制品业产值	17	20	20
其他行业产值	21	100	200
工业总产值＝以上各行业产值之和	1207	2500	4000

3. GDP 预测

北仑 GDP 预测结果如表 3-9 所示。

表 3-9 北仑 GDP 预测结果

产业	参数项	2009 年现状值	2015 年预测值	2020 年预测值
第一产业	一产增加值(亿元)=现状值 *(年均增长率)^{n}	7	12	19
	增加值年平均增长率(%)		0.1	0.1
建筑业	建筑业增加值(亿元)=现状值 *(年均增长率)^{n}	20	47	75
	增加值年平均增长率(%)		0.15	0.1
工业	工业增加值(亿元)=工业总产值 * 工业增加值率	249	550	1125
	工业增加值率(%)	0.20	0.22	0.25
	工业总产值(亿元)	1207	2500	4000
服务业	服务业增加值(亿元)=现状值 *(年均增长率)^{n}	177	359	647
	增加值年平均增长率(%)		0.125	0.125
GDP(亿元)=各产业增加值之和		447	967	1866
GDP 取值(亿元)			1000	1900

4. 人口预测

2009 年北仑区常住人口现状值为 70 万，按照区“十二五”规划纲要预测的 2015 年常住人口将达到 89 万的结论，计算出人口年递增率为 4.08%，再按照此递增率计算得出 2020 年常住人口将达到 108 万(见表 3-10)。

表 3-10 北仑人口预测结果

	2009 年现状值	2015 年预测值	2020 年预测值
常住人口(人)	700000	890000	1080000

5. 能耗预测

(1)工业综合能耗预测

以行业法预测工业综合能耗，选取重点能耗行业电力行业、钢铁行业、石化行业、造纸行业和纺织行业以及其他行业进行分行业能耗预测。经预测，2015 年北仑工业综合能耗 750 万吨标煤，2020 年为 1032 万吨标煤(见表 3-11)。

表 3-11 行业法预测工业能耗结果

行业类别	参数项	2009 年现状值	2015 年预测值	2020 年预测值
发电行业	装机容量(万千瓦)	500	700	800
	供电煤耗(克/千瓦时)	300	285	280
发电行业能耗(万吨)		40	54	60
钢铁行业(钢铁)	钢铁产能(万吨)	400	600	600
	吨钢能耗(公斤标煤/吨钢)	512.50	480.00	480.00
钢铁行业(不锈钢)	不锈钢等产能(万吨不锈钢)	90	90	90
	不锈钢能耗(万吨)	25	24	23
钢铁行业能耗(万吨)		230	312	311
石化行业(PTA)	产量(万吨 PTA)	153	500	700
	单位产品能耗(kg 标煤/吨 PTA)	109	102	100
	能耗(万吨)	16.6	51.0	70.0
石化行业(台塑除PTA)	产值(亿元)	136	350	800
	能耗强度(吨标煤/万元)	0.39	0.29	0.29
	能耗(万吨)	52.94	101.50	232.00
石化行业(林德气体)	产值(亿元)	2.50	4.00	5.00
	能耗强度	3.24	3.00	3.00
	能耗	8.10	12.96	16.20
石化其他	产值(亿元)	24.0	69.2	237.5
	能耗强度(吨标煤/万元)	0.105	0.105	0.105
	能耗(万吨)	2.5	7.2	24.8
石化行业能耗(万吨)		80.2	172.7	343.0
造纸行业	产量(吨)	870000	1131000	1500000
	单位产品能耗(公斤标煤/吨风干浆)	253	248	241
造纸行业能耗(万吨)		22	28	36
纺织行业	产值(万元)	1096487	1300000	2300000
	万元产值能耗(吨/万元)	0.53	0.39	0.30
纺织行业能耗(万吨)		58	51	69

续表

行业类别	参数项	2009 年现状值	2015 年预测值	2020 年预测值
其他行业	产值(万元)	4953201	11100000	19700000
	万元产值能耗(万吨/万元)	0.171	0.120	0.108
其他行业能耗(万吨)		85	133	212
全行业能耗预测(万吨)		515	750	1032

注:各行业产值或产能预测值来自发改局访谈。

(2)总能耗预测

经预测,北仑区 2015 年总能耗 923 万吨标煤,2020 年为 1315 万吨标煤(见表 3-12)。

表 3-12 总能耗预测结果

能耗类别	参数项	单位	2009 年现状值	2015 年预测值	2020 年预测值
生活用能	人均生活用能[(1)]	吨/人	0.22	0.29	0.42
	常住人口[(2)]	万人	70	89	108
	生活能源消耗量	万吨标煤	15	26	45
第一产业能耗	单位增加值能耗	吨标煤/万元	0.34	0.30	0.27
	增加值	亿元	7	12	19
	能源消耗量	万吨标煤	2.19	3	5
第三产业能耗	单位增加值能耗	吨标煤/万元	0.48	0.41	0.37
	增加值	亿元	177	359	647
	能源消耗量	万吨标煤	85.88	148	240
建筑业能耗	单位增加值能耗	吨标煤/万元	0.12	0.10	0.09
	增加值	亿元	20	47	75
	能源消耗量	万吨标煤	2.34	5	7
工业能源消耗量		万吨标煤	425	750	1032
全区总能耗		万吨标煤	531	923	1315

注:(1)2009 年居民生活消费 152616 吨标煤,常住人口 70 万人,则人均生活用能 0.22 吨/人,考虑生活节能措施下人均生活用能按 5%的年递增率递增。(2)根据“十二五”规划预测,2015 年常住人口将达到 89 万人,推算 2020 年常住人口为 108 万人。(3)第一、第三产业能耗按照增加值和单位增加值能耗计算。

6. 水耗预测

(1)工业取水量和用水量预测

以行业法预测工业取水量，选取重点水耗行业电力行业、钢铁行业、石化行业、造纸行业和纺织行业以及其他行业进行分行业水耗预测。经预测，2015年北仑工业用水量380487万吨，2020年用水量478832万吨。根据以上对工业取水量的预测，按照各行业工业用水重复利用率推算，得工业取水总量2015年为15937万吨，2020年为18505万吨(见表3-13)。

表3-13 行业法预测工业取水量和用水量结果

行业名称	参数项	单位	2009年现状值	2015年预测值	2020年预测值
电力	装机容量	万千瓦	500	700	800
	发电水耗	公斤/千瓦时	1.28	1.05	0.95
	取水量	万吨	2895	3455	3610
	重复利用率	%	96.1	96.5	96.8
	用水量	万吨	74228	98723	112827
钢铁	钢铁产能	万吨	460	600	600
	吨钢水耗	吨/吨钢	2.47	1.20	0.80
	取水量	万吨	981	1151	1151
	重复利用率	%	98.1	98.2	98.2
	用水量	万吨	51607	63948	63948
石化	产量	万吨PTA	125	500	700
	单位产品水耗	吨/吨PTA	6.50	3.45	2.60
	取水量	万吨	1922	7099	9655
	重复利用率	%	96.4	96.5	96.6
	用水量	万吨	53379	202840	283976
造纸	产量	吨	870000	1131000	1500000
	单位产品水耗	吨/吨	16.90	8.98	6.75
	取水量	万吨	1281	1341	1408
	重复利用率	%	85.1	88	90
	用水量	万吨	8597	11176	14081

续表

行业名称	参数项	单位	2009 年现状值	2015 年预测值	2020 年预测值
纺织	产值	万元	1096487	1300000	2300000
	万元产值水耗	吨/万元	22.00	11.69	8.79
	取水量	万吨	2306	2240	1960
	重复利用率	%	15.3	20	30
	用水量	万吨	2722	2800	2800
其他	产值	万元	4953201	11100000	19700000
	万元产值水耗	吨/万元	3.00	1.59	1.20
	取水量	万吨	567	650	720
	重复利用率	%	32.3	35	40
	用水量	万吨	837	1000	1200
总计	取水量	万吨	9950	15937	18505
	取水量实际值	万吨	9963		
	用水量	万吨	191370	380487	478832
	用水量实际值	万吨	191363		

注:各行业产值或产能预测值来自发改局访谈,钢铁行业以 2020 年不扩大规模的情况计算。

(2)需水总量预测

将新鲜取水中的工业用水、生活用水和农业用水相加,可以得到 2015 年北仑区需水总量 24517 万吨,2020 年需水总量 28133 万吨(见表 3-14)。

表 3-14　需水总量预测结果

	2009 年现状值	2015 预测值	2020 预测值
生活用水(万吨)	4745	6010	7293
城乡人均日用水量(升/人・日)	186	185	185
总人口(万人)	70	89	108
工业取水(万吨)	9963	15937	18505
农业用水(万吨)	5400	2570	2335
需水总量(万吨)	20108	24517	28133

来源:农业用水预测值引自《宁波市北仑区水资源综合规划》和《北仑区域“十二五”时期水资源供求平衡研究》。

7. 固体废弃物预测

北仑固废产生量指标预测如表 3-15 所示。

表 3-15　固废产生量指标预测结果

类别	参数项	2009 年现状值	2015 年预测值	2020 年预测值
发电行业	工业固废产生量(吨)	3694063	4900000	5600000
	单位装机容量固废产生量(吨/万千瓦)	7019	7000	7000
	装机容量(万千瓦)	500	700	800
钢铁	工业固废产生量(吨)	1196902	1476000	1476000
	单位产量固废产生量(吨/万吨)	2472	2460	2460
	钢铁产能(万吨)	460	600	600
造纸行业	工业固废产生量(吨)	313115	402000	670000
	万元产值固废产生量(吨/万元)	0.69	0.67	0.67
	造纸行业产值(万元)	456110	600000	1000000
三个行业固废产生量所占比例(%)		0.97	0.97	0.97
全行业固废产生量预测值(吨)		5365031	6987629	7985567
全行业固废产生量校正值(吨)		4707200	6130843	7006420

8. 污染物排放量预测

(1)SO_2 排放量预测

对于 SO_2 排放量的预测，选取重点污染排放企业，按其削减能力大小估算削减率，同时考虑到产能增大所带来的 SO_2 增量，从而得到预测的排放量。NO_x 的预测值根据 SO_2 预测值推算得到。2015 年工业 SO_2 排放量预测值为 33566 吨，2020 年预测值为 35409 吨(见表 3-16)。

表 3-16　SO_2 排放量指标预测结果

类别	参数项	2009 年现状值	2015 年预测值	2020 年预测值
北仑电厂	SO_2 排放量(吨)	18888	25121	27274
	北仑电厂装机容量(万千瓦)	500	700	800
	削减率(%)		0.05	0.05

续表

类别	参数项	2009 年现状值	2015 年预测值	2020 年预测值
宁波钢铁	SO_2 排放量(吨)	4266	2782	2087
	钢铁产能(万吨)	460	600	600
	削减率(%)		0.5	0.25
其他	SO_2 排放量(吨)	7546	5663	6048
	削减率(%)		0.25	0.2
全行业 SO_2 排放量(吨)		30700	33566	35409

(2)NO_x 排放量预测

根据电厂装机容量预测 NO_x 排放量的增幅，到 2015 年电厂脱销设备全部安装完毕，脱硝率按 75%计算，则 2015 年工业 NO_x 排放量预测值为 28840 吨；“十三五”期间脱硝率按 20%计算，则 2020 年工业 NO_x 排放量预测值为 26368 吨。

(3)COD 排放量预测

对于 COD 排放量的预测，选取重点污染排放企业，按其削减能力大小估算削减率，同时按照行业用水量的增幅考虑 COD 排放量的增量，从而得到预测的排放量。2015 年工业 COD 排放量预测值为 4598 吨，2020 年预测值为 4626 吨(见表 3-17)。

表 3-17　COD 排放量指标预测结果

类别	参数项	2009 年现状值	2015 年预测值	2020 年预测值
申洲织造	COD 排放量(吨)	950	782	665
	用水量(万吨)	2722	2800	2800
	削减率(%)		0.2	0.15
亚洲浆纸	COD 排放量(吨)	621	646	692
	用水量(万吨)	8597	11176	14081
	削减率(%)		0.2	0.15
逸盛石化	COD 排放量(吨)	399	1277	1519
	产量(万吨 PTA)	125	500	700
	削减率(%)		0.2	0.15

续表

类别	参数项	2009 年现状值	2015 年预测值	2020 年预测值
其他	COD 排放量(吨)	1832	1894	1750
	削减率(%)	126672	163671	177974
全行业 COD 排放量(吨)		3802	4598	4626

(4)CO_2 排放量预测

对于工业 CO_2 排放量的计算，将除电力和热力之外所消耗的每种能源，乘以相应的 CO_2 排放系数，所得的总和为工业 CO_2 排放量，计算得 2009 年为 3775 万吨(包含北仑电厂所有发电量所产生的 CO_2)。其他 CO_2 排放只考虑煤油和液化石油气这两种能源，如表 3-18 所示计算其碳排放量。

工业 CO_2 排放量的预测按照两部分计算：一部分是以北仑电厂为主的需要外供电的能源企业，先计算外供电消耗的煤耗，乘以排放系数得到外供电部分的碳排放。以此为基数，按照 2015 年和 2020 年装机容量分别达到 700 万千瓦和 800 万千瓦的趋势推算出外供电部分的碳排放。另外一部分是电厂自供电以及其他企业能源消耗所产生的 CO_2，这部分按照能耗预测值进行推算。一产、三产、建筑业和居民生活 CO_2 排放量的测算，按照煤油和液化石油气消耗 5 年增长 10%计算。

表 3-18　CO_2 排放量指标预测结果

类别		参数项	单位	2009 年现状值	2015 年预测值	2020 年预测值
一、三产，建筑业，居民生活 CO_2 排放量计算	消耗煤油 CO_2 排放量计算	煤油消耗	万吨	26	29	31
		净发热值	TJ/Gg	44	44	44
		基于净发热值的 CO_2 排放系数	kg/TJ	71900	71900	71900
		CO_2 排放量	万吨	83	91	98
	消耗液化石油气 CO_2 排放量计算	液化石油气消耗	万吨	12	13	14
		净发热值	TJ/Gg	47	47	47
		基于净发热值的 CO_2 排放系数	kg/TJ	63100	63100	63100
		CO_2 排放量	万吨	35	39	42
	CO_2 排放量合计		万吨	118	130	140

续表

类别	参数项	单位	2009 年现状值	2015 年预测值	2020 年预测值
工业 CO_2 排放量计算	电厂装机容量	万千瓦	500	700	800
	外供电 CO_2 排放量	万吨	2263	3169	3621
	工业能耗	万吨	425	750	1032
	其余能源的 CO_2 排放量	万吨	1512	2666	3672
	工业 CO_2 排放量合计	万吨	3775	5835	7293
全区 CO_2 排放量		万吨	3893	5965	7433

【参考文献】

[1]21 世纪经济报道."生态文明指标体系"正式发布下半年开始推行. http://news.hexun.com/2008-07-09/107289818.html,2008-07-09.

[2]何爱国,等.长三角城市生态文明建设进程研究报告. http://www.sinoss.net - 0314/19501.html, 2010-03-14.

[3]申振东.建设贵阳市生态文明城市的指标体系与监测方法.中国国情国力,2009(5):13-16.

[4]关琰珠,郑建华,庄世坚.生态文明指标体系研究.中国发展,2007(2):21-27.

[5]王贯中,王惠中,吴云波,等.生态文明城市建设指标体系构建的研究.污染防治技术,2010(1):55-59.

[6]杜宇,刘俊昌.生态文明建设评价指标体系研究.科学管理研究,2009(3):60-63.

[7]朱松丽,李俊峰.生态文明评价指标体系研究.世界环境,2010(1):72-75.

4 重塑发展格局，拓展生态文明发展空间

4.1 生态文明建设生态功能区划

按照国家、省和市主体功能区规划的有关要求，根据规划区内生态敏感性、生态服务功能以及经济社会发展区位的分异特点，结合发展机遇和潜力，将北仑区划分为重点开发区、优化开发区、生态缓冲区和生态涵养区，并明确各自功能定位和开发时序，努力形成主体功能定位清晰、国土空间高效利用、人与自然和谐相处的区域发展格局（见表 4-1、图 4-1）。

表 4-1 生态文明建设空间格局功能区划指标体系

功能区	指　标
生态敏感性 （生态）	地形地貌 大气环境 地表水环境 声环境 海域环境 珍稀动物 植被分布 地质灾害易发区 污染源

续表

功能区	指　标
建设适宜性 （生产）	土地利用类型 土地利用强度 产业类型 产业区分布 经济发展潜力
环境宜居性 （生活）	人口分布 区位条件 旅游资源 社区分布 服务设施

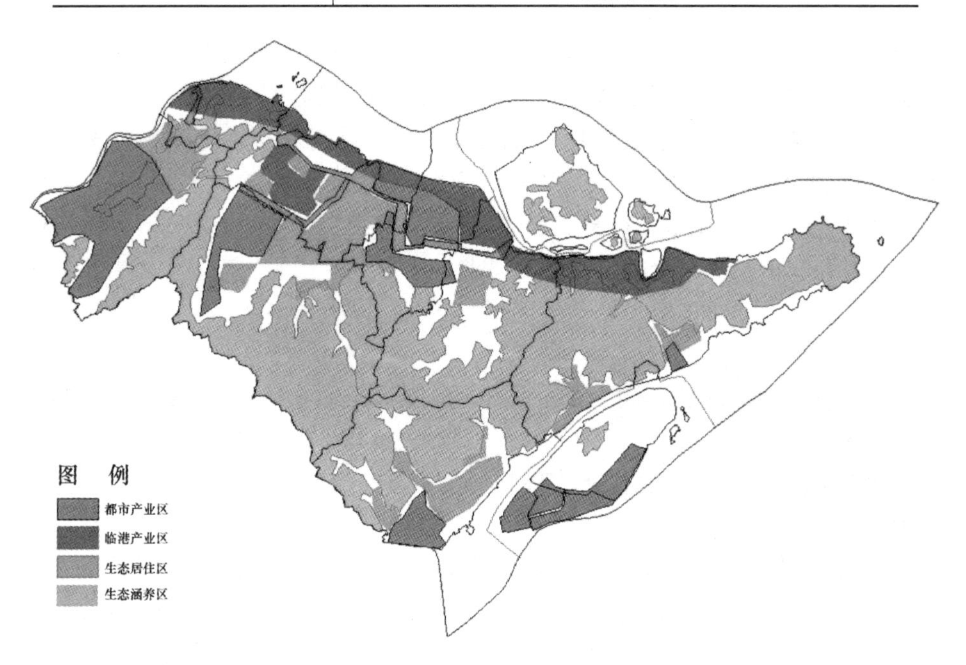

图 4-1　北仑区生态功能分区区划

4.1.1　临港工业区

区域范围：临港工业产业带、大港高新技术产业基地两大产业发展区，以及老城区（尤其是“城中村”地区）和一些零落的乡镇级工业园区。

功能定位：成为北仑促进城市更新和产业结构升级的示范区域，在现有城镇和产业基础上，限制低水平开发，促进老城区和老工业园区的二次腾飞。

发展方向：采用以城镇化带动产业结构高级化的立体优化提升发展模式。

在已有城镇和产业基础上，鼓励“退二进三”，促进传统制造业的产业价值链环节提升，严格控制低效高耗能产业进入，逐步发展绿色制造业和现代服务业，提高开发密度的潜能。通过空间的整体优化，推动老城更新，带动城镇现代服务业的发展，提高城镇的经济产出价值。

4.1.2 都市产业区

区域范围：包括中心城区、滨海新城、西部城区在内的“一区三城”城市发展区域以及梅山保税港区、霞浦现代国际物流基地、大碶高档模具及汽配产业基地、小港装备产业基地、汽车工业基地等产业发展区。

功能定位：北仑人口和经济集聚的重要空间载体和经济持续发展的重要增长极，成为北仑“十二五”期间的重点发展区域。

发展模式：采用以土地资源集约开发兼顾生态环境承载力为导向的集约式发展模式。在现有规划用地基础上，完善基础设施，提高配套能力，鼓励低耗高产能的现代制造业和现代服务业集聚，控制工业污染企业的数量和规模，限制引入化工、造纸产业中严重污染企业，加大环境污染的防治力度。建立“一区三城”土地经济产出密度、城市人口密度、环境质量度等控制指标，保障重点开发区的产业开发和城市发展符合控制指标的要求。

4.1.3 生态居住区

区域范围：沿海岸线临水区域，原则上向陆地延伸3公里；城乡居民区和工业区之间的生态缓冲带。

功能定位：实现城市居住环境和工业园区分离，调节城市小气候的重要生态屏障，适度控制开发强度。

发展方向：采用以保证生态隔离为导向的适度控制发展模式。强化生态净化功能，控制缓冲带内的工业发展范围，防止工业园区对生态缓冲带的侵占，适度发展生态旅游业，加强生态景观设计，规范缓冲带内采砂、捕鱼、养殖等经济行为，对近海区域的生态环境进行重点监测控制。

4.1.4 生态涵养区

区域范围：太白山脉北仑段，尤其是新路岙水库，瑞岩寺森林公园，以及千亩岙、紫薇岙、城湾等水库水源地。

功能定位：北仑生态多样性保护核心区，主要水源涵养区，生态脆弱敏感区，严格控制开发强度。

发展方向：采用以环境和生态安全为目标的严格控制发展模式。以生态养护为重点，重点保护生物多样性和水源涵养功能。切实保护新路岙水库水源涵养功能，保护瑞岩寺森林公园。充分利用自然山水资源，加强饮用水水源水质保护和森林资源保护，控制水源地无序和破坏性开发，对在饮用水水源地新建与水资源保护无关的项目要进行严格论证，并对饮用水水源地内现有的开发建设项目进行调查、处理和综合治理，消除对水源水质的影响。加大封育力度，保护丘陵林地资源，严格执行矿山开发管理的相关规定，防治地质自然灾害，切实加强森林、林地、矿产生态、珍稀动植物的保护，保持生物多样性；对发展高档次生态休闲旅游、特色林业、生态农业等产业进行严格论证，对其中不符合功能定位的各类开发活动进行严格控制。

4.2 北仑生态文明规划发展格局

根据生态功能区划，按照建立“与区域发展相适应，与产业体系相配套，与资源环境相协调”的要求，构建“前港后城，南居北工，绿色连接”的北仑生态文明建设总体发展格局，具体由生态发展空间、城镇发展空间和产业发展空间三部分共同构成。

图 4-2 前港后城，南居北工

西起甬江入海口、东到峙头临港区域重点布局港口作业码头和临港大工业，通过空间调整和建立生态隔离带，逐步构建“前港后城”的港城空间结构，通过实施“南城发展战略”和梅山岛开发，逐步形成“南居北工”的社会经济空间结构，通过建设形态各异、功能齐全的生态景观长廊和生态斑块，构建覆盖北仑、沟通内外的绿色生态网络。

4.2.1 生态发展空间

按照集中与分散相结合的原则，利用北仑生态基质丰富，建立由大型植被、大型水库、道路廊道、水系廊道，以及小型植被斑块构成的自然生态体系。

1. 建设森林植物园和林地斑块

建设北仑森林植物园，初步选址在离北仑城区 15 公里的新路林场林区境内，沿线风光优美，与九峰山、新路水库等景观相连，山水交织。在白峰、上阳、郭巨等山林和果林地区建立林地斑块，保证现有生物种群自我维持的生境以及生态系统的基本完整性，同时能够为鸟类迁徙提供足够的栖息地和食物。

2. 积极加强湿地斑块建设

建设滨海湿地，滨海湿地初步选址在春晓湿地公园，地处滨海新城东侧，与梅山岛隔海相望，南起梅山港春晓界附近，北至沿海中线，东起上阳老海塘，西至昆亭塘，总面积约 2100 亩。在三大水系（芦江、小浃江、岩太水系）、水库（瑞岩寺水库、灵峰水库、城湾水库）建设大小、形状不一的陆地湿地斑块。加强湿地岸线保护，沿岸种植乔灌结合、多树种混交林带，保护岸线，防止水土流失。保护湿地水体环境，定期适时清理湿地沉水植物，严防湿地沼泽化。

3. 增加城区农业斑块和农业生产地斑块

农业斑块作为城市绿地系统景观有力的补充，能丰富城市的景观。在生态环境较好的城市绿地中恰当地引入规模合理的以农业种植为主要特征的小型农业斑块，作为城市绿地系统的一个补充和完善。保持梅山岛农田保护区和柴桥农田保护区等农业生态系统的完整性。在适当的地段留足发展预留地，优先建设为农业生产地。

4. 丰富工业区生态斑块

在工业区和工厂内建立数量多、分布均匀，大小配置合理的植被斑块和行道树廊道。增加植物种植量，丰富植物品种，合理种植设计。结合场地需要，营造

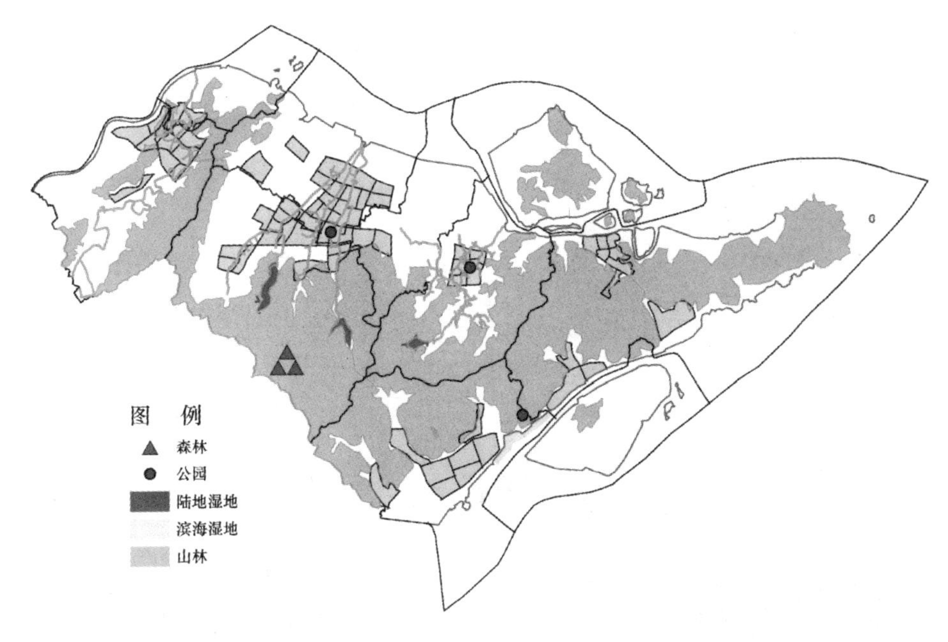

图 4-3 北仑生态斑块建设布局

特色植物景观。居住区和办公区等注重绿地的形态多样性及使用功能互补，工业区和生产区绿地侧重抗污染、降粉尘、隔噪音的树种选择和植物设计。

4.2.2 城镇发展空间

本着提升功能、服务民生、支撑发展的思路，着力推进城市基础设施建设，深入推进宜居城区建设，完善和强化城市功能，实现由生产功能为主的工业主导区向生活与生产并重的综合型城区转型，大力实施“一区三城多节点”的城镇发展战略，全面推进“南城发展战略”，打造现代化滨海新城，努力提升空间聚集效益，积极建设中部中心城区，着力改造西部沿江城区，推进西部副中心转型升级，加强农村中心镇建设，形成新型城市化与新农村建设协调发展的区域发展新局面。

1. 加快实施“南城发展战略”，打造现代化滨海新城

以梅山保税港区为龙头，以春晓为中心，以白峰为依托，坚持海陆联动、海岛互动，借助疏港高速和沿海中线、太河路延伸公路建设的机遇，深化完善发展规划，加快市政基础设施建设和城市综合配套服务功能建设，有序推进重点产业功能区块的开发建设，将北仑东南片区打造成为“生态环保、休闲旅游、宜居宜业、魅力时尚”的现代化滨海生态型城区。

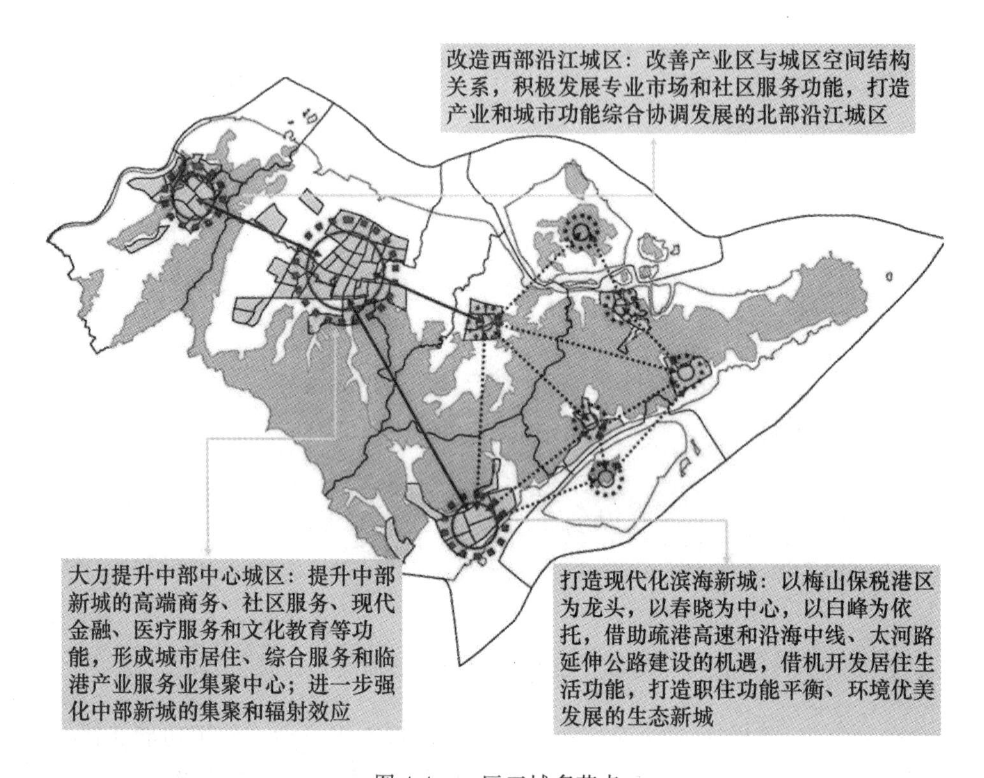

图 4-4　一区三城多节点

2. 努力提高空间聚集效益，提升中部城区功能

积极推进新碶和大碶"退二进三"工程，坚持新城建设和老城改造并重，以泰山路南侧核心商务区建设为重点，大力建设高端楼宇、城市综合体以及各种功能性精品项目，积极提升中部城区的高端商务、社区服务、现代金融、医疗服务和文化教育等功能，形成城市居住、综合服务和临港产业服务业集聚中心；进一步强化中部中心城区产业发展与港城生活的综合承载能力，实现城市功能集聚和城市形象提升。

3. 着力改造西部沿江城区，建设西部副中心

借助宁波东部新城建设契机，进一步调整小港、戚家山片区空间布局，主动与宁波城市东扩接轨，进一步完善和提升城市功能，优化空间规划，盘活土地资源，改造配套设施，整合产业发展，积极发展专业市场和社区服务功能，强化居住功能，实现与宁波东部新城、北仑中心城区的联动发展，打造产业和城市功能综合协调发展的西部沿江城区。

4. 加强农村中心镇建设，构建多个节点

柴桥、白峰、梅山、大榭的居民（村民）散居点进行相应的居住生活功能开发，完善配套基础设施和公共服务设施，注重与产业区的生态隔离。严格控制工业项目，保留基本农田，加快建设村民公寓，适时推动乡村工业向区块集中，农民居住向社区集中，逐步实现农村厂居分离。

4.2.3　产业发展空间

按照“生态良好、用地集约、产业集聚、布局合理”的原则，形成分工明确、相互联动、协同发展的“一区两带两片块” 格局，实现“北聚临港工业，南强现代产业”的战略目标。

1. 积极发展中部高端产业区（新碶、大碶）

以北仑港和国际物流园区为依托，以核心商务区和城市门户区建设为重点，大力发展总部经济、楼宇经济，金融、口岸、航运咨询等服务业，积极建立专业化大宗物资交易中心，优化提升城市社会生活综合配套服务。努力优化大工业布局，适时搬迁重污染项目，加快无污染高技术产业发展；有效整合保税区与现代国际物流园区功能，将保税政策和功能向更大区域延伸。

2. 做大做强北部临港大工业带

西起甬江入海口，东到峙头，沿北部沿海主要布局港口作业码头和石化、钢铁、能源、造纸、修造船等临港大工业。其中青峙和霞浦主要发展化工，柴桥沿海主要发展钢铁，峙北沿海主要布局新能源、新型化工和现代化的修造船等现代临港工业。

3. 积极培育南部滨海新兴战略工业带（梅山、春晓、郭巨、上阳）

站在全市、全省乃至长三角区域发展的战略高度，高起点谋划和建设西起春晓湖、东至郭巨的滨海新兴战略工业带，形成“山海融合、区域一体”的梅山水道两岸统筹开发新格局。全力推动梅山自由港建设，加快国际集装箱保税物流基地和“三位一体”港航增值服务基地建设。加快春晓城市综合配套服务功能，积极培育生物医药、生物育种等环保型、资源节约型、高新技术型工业发展，做大做强生态旅游业，加强生态农业发展。

4. 西部联动发展区块(小港、戚家山)

这一区域是东部新城与北仑区域的连接点,应实现与东部新城以及北仑区域的联动发展。努力优化产业布局,进一步促进重化工业向青峙集中,加快结构转型和功能提升步伐,退二进三,主动承接城区传统优势产业,适当保留以高端装备制造业和传统无污染为主的城区工业。在沿甬江、小浃江建设高档休闲居住区,成为城区居住的补充空间。利用毗邻港口优势,提升红联地区的综合服务功能,建立专业化市场,发展商贸流通业。

5. 东部联动发展区块(大榭、白峰镇穿山)

坚持山海联动、陆岛联动,发挥与大榭岛的石油化工产业联动效应。着力构筑规模化、环保型的临港循环产业体系。提升产业层次,推动能源和装备制造等临港产业向先进性、高端性、先导性发展,引领宁波市产业升级步伐;推动工业集群化发展,加大临港产业的环保和节能投入力度,建立重点产业间的共生体系,通过产业链的整合和资源的综合利用,形成循环生产模式;加强中部商贸商务区与工业集聚区之间的环保隔离带建设,推动资源节约型、环境友好型社会建设。

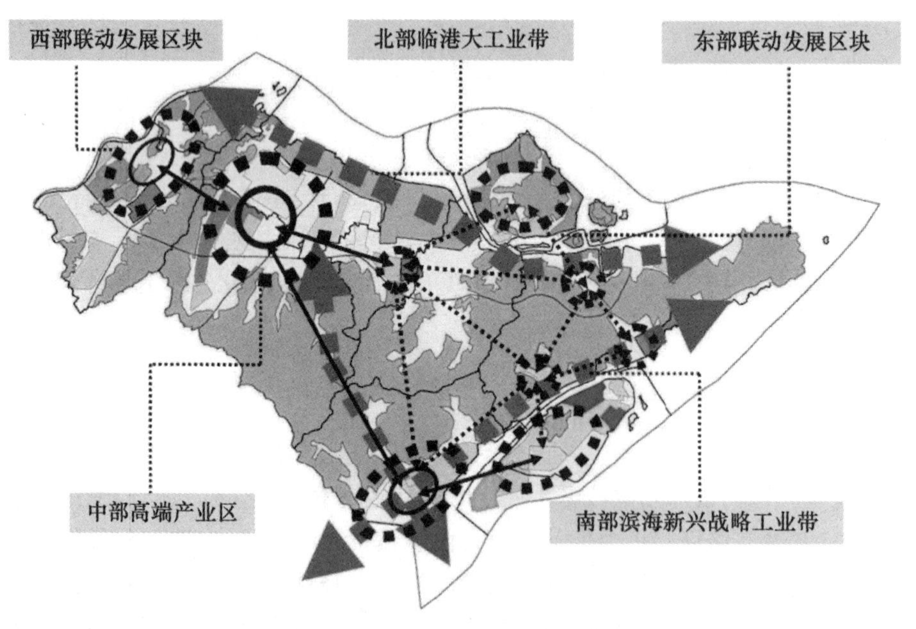

图 4-5　一区两带两片块

4.3　八大产业基地

按照“生态良好、用地集约、产业集聚、布局合理”的原则，形成分工明确、相互联动、协同发展的八大产业基地格局。积极探索产业功能区与行政区协调发展的模式，整合行政资源，凝聚发展合力，增强跨行政区的统筹协调服务能力，重点推进南部高端产业聚集区的规划建设，加快周边地区农村城镇化进程，以保证产业调整带动下的城乡一体化顺利完成。

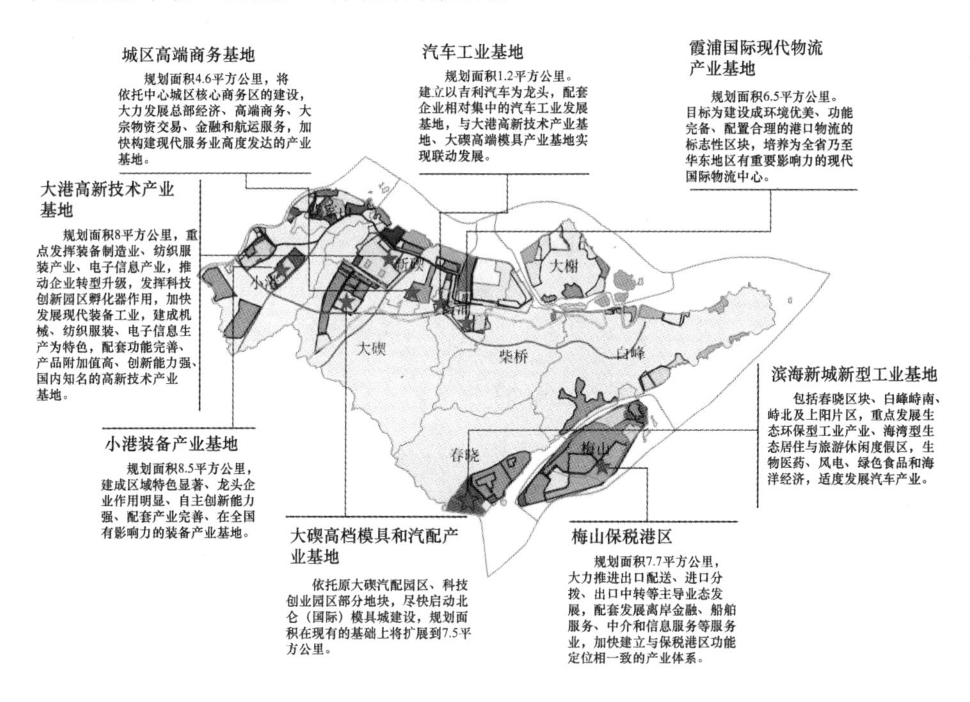

图 4-6　八大产业基地规划

4.3.1　梅山保税港区

东到码头岸线（含泊位），南至梅峰路，西北以沿港路、梅山大道、港区路围合为界，规划面积 7.7 平方公里。大力推进出口配送、进口分拨、出口中转等主导业态发展，配套发展离岸金融、船舶服务、中介和信息服务等服务业加快建立与保税港区功能定位相一致的产业体系。

4.3.2 滨海新城新型工业基地

包括春晓区块，白峰峙南、峙北及上阳片区，规划面积 19 平方公里。重点发展环保型工业产业、海湾型生态居住与旅游休闲度假区，主要发展生物医药、风电、绿色食品和海洋经济，适度发展汽车产业。

4.3.3 霞浦现代国际物流产业基地

东临临港一带，西临进港铁路，南临穿山疏港高速公路，北临 329 国道；规划面积 6.5 平方公里。目标为建成环境优美、功能完备、配置合理的港口物流的标志性区块，培养为全省乃至华东地区有重要影响力的现代国际物流中心。

4.3.4 大港高新技术产业基地

东临向家河、凤洋路，西至沿山大河、富春江路，北临武夷山路、滨海快速路和大别山路，南临泰山路区域，规划面积 8 平方公里。推动企业转型升级，发挥科技创业园区孵化器作用，重点加快发展现代装备工业、机械、纺织服装、电子信息生产，建成主导产业优势明显、配套功能完善、产品附加值高、创新能力强、国内知名的高校技术产业基地，成为老工业园区二次腾飞的典范。

4.3.5 大碶高档模具和汽配产业基地

依托原大碶汽配园区、科技创业园区部分地块，启动北仑（国际）模具城建设，规划面积在现有的基础上将扩展到 7.5 平方公里。加强与汽车工业基地联动发展，积极吸引和培育汽配企业入园发展，力争建成具有国际竞争力的高精度模具和汽配产业生产基地。

4.3.6 小港装备产业基地

规划面积 8.5 平方公里，重点发展数控机床、注塑机、太阳能等为主导的先进装备制造业，建成区域特色显著、龙头企业作用明显、自主创新能力强、配套产业完善、在全国有影响力的特色装备产业基地。

4.3.7 汽车工业基地

东临海河路，南临新 329 国道，西临沙湾山东边河、闽江路，北临恒山路、明州路块状区域，包括朱塘、方戴二村、日积工业园区块。规划面积 1.2 平方公里，建成以吉利汽车为龙头，配套企业相对集中的汽车工业发展基地，与大港高新技术产业基地、大碶高端模具产业基地实现联动发展，打造北仑整车和汽配产业发展的核心和引擎。

4.3.8 城区高端商务基地

北至四明山路、南至庐山路、西至新大路、东至辽河路的区域，其中，泰山路以南、新凯河路以北、中河路以东、辽河路以西带状区域为核心商务区，规划面积4.6平方公里。将依托中心城区核心商务区的建设，大力发展总部经济、高端商务、大宗物资交易、金融和航运服务，加快构建现代服务业高度发达的产业基地。

5 构建现代生态产业，发展生态经济

5.1 产业发展定位

综合考虑北仑已有产业基础、发展前景、资源环境条件和生态文明建设需求，北仑产业发展定位为：顺应低碳发展的趋势，认真实施海洋经济发展战略，加快发展现代服务业特别是生产型服务业，加快临港重化工业的生态化改造，大力发展现代装备制造业，积极培育集聚新兴战略产业，逐步建立适应生态文明发展要求的产业体系。

为此，北仑需要制定贯彻落实三大产业发展战略。

——重点发展战略，重点发展三大产业：石化及化学产业、汽车及零部件产业、海洋装备及相关支持产业。

——提升发展战略，提升发展五大产业：钢铁、造纸、电力、纺织服装和农副食品加工行业。

——培育发展战略，培育发展六大产业：新能源、新材料、能源高端装备、化工高端装备、海洋高技术和节能环保产业。

北仑产业发展定位、产业选择评价指标和权重分配、工业制造业总体评价如图 5-1、表 5-1、表 5-2 所示。

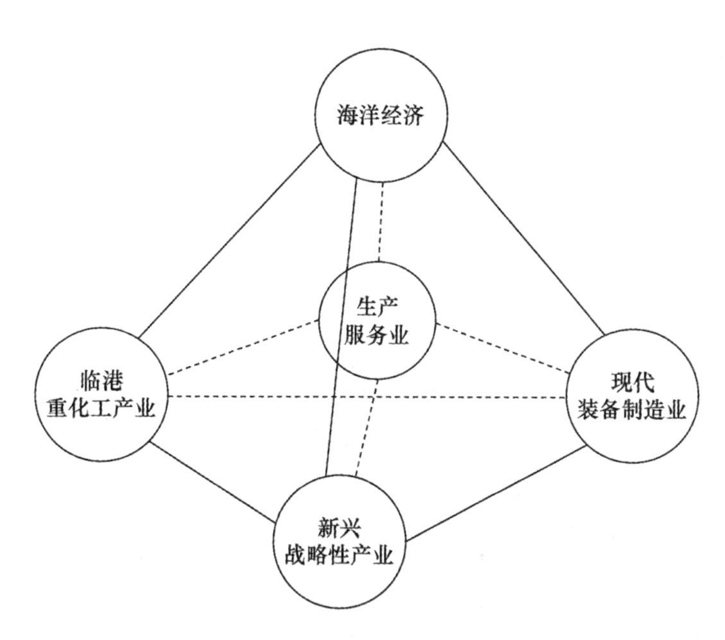

图 5-1　北仑产业发展定位

表 5-1　产业选择评价指标和权重分配

评价因素	权重	评价指标	权重
产业发展竞争力	0.6	增长性	0.25
		产业区域竞争优势	0.25
		产业盈利能力	0.25
		是否有龙头企业	0.25
岸线/土地产出率	0.1	单位面积产值	0.50
		单位岸线产值	0.50
资源密集程度	0.1	万元产值综合能耗	0.75
		万元产值水耗(取水量)	0.25
污染密集程度	0.1	万元产值 COD 排放量	0.25
		万元产值 SO_2 排放量	0.25
		万元产值 NO_x 排放量	0.17
		万元产值氨氮排放量	0.17
		万元产值固体废物排放量	0.17

续表

评价因素	权重	评价指标	权重
经典生产要素	0.1	劳动生产率	0.25
		技术密集程度	0.25
		资本密集程度	0.25
		外向型程度	0.25

表 5-2　工业制造业总体评价

序号	行业名称	产业竞争	岸线/土地利用	资源密集	污染密集	经典生产要素	综合评价
1	化学原料及化学制品制造业	4.25	4.5	2.00	2.78	3.25	3.80
2	专用设备制造业	3.75	4.00	4.00	4.04	3.25	3.78
3	交通运输设备制造业	3.75	4.50	3.25	4.04	3.25	3.75
4	电力、热力的生产及供应业	4.25	4.50	1.00	2.69	3.25	3.69
5	纺织业	4.50	2.00	1.75	2.78	3.25	3.68
6	文教体育用品制造业	3.50	2.00	4.50	4.63	3.50	3.56
7	通用设备制造业	3.25	4.50	3.00	4.04	3.25	3.43
8	电气机械及器材制造业	3.00	3.50	5.00	4.04	2.75	3.33
9	黑色金属冶炼及压延加工业	3.50	3.50	1.25	3.28	3.50	3.25
10	造纸及纸制品业	3.50	4.00	1.00	2.53	3.75	3.23
11	塑料制品业	3.00	2.50	3.25	4.29	3.00	3.10
12	食品制造业	3.75	1.00	2.75	2.19	2.50	3.09
13	黑色金属矿采选业	3.00	2.00	4.00	4.54	2.00	3.05
14	医药制造业	2.75	3.50	3.25	3.62	3.50	3.04
15	橡胶制品业	3.00	3.00	2.75	4.04	2.50	3.03
16	饮料制造业	3.25	1.50	1.75	3.62	3.25	2.96
17	废弃资源和废旧材料回收加工业	3.25	2.50	2.75	3.03	1.75	2.95
18	非金属矿物制品业	3.00	3.00	2.25	3.45	2.75	2.95
19	印刷业和记录媒介的复制	3.00	2.50	3.50	4.04	1.25	2.93
20	通信设备、计算机及其他电子设备	2.00	4.00	4.00	5.05	3.75	2.88

续表

序号	行业名称	产业竞争	岸线/土地利用	资源密集	污染密集	经典生产要素	综合评价
21	工艺品及其他制品业	2.25	2.50	4.75	4.63	2.50	2.79
22	纺织服装、鞋、帽加工业	2.50	1.50	3.75	3.79	3.00	2.70
23	金属制品业	2.25	3.00	2.75	4.46	2.75	2.65
24	仪器仪表及文化办公用品机械制造	1.75	2.50	4.75	5.05	3.25	2.61
25	化学纤维制造业	2.50	3.50	2.00	3.62	1.75	2.59
26	农副食品加工业	2.50	2.50	3.00	2.19	2.50	2.52
27	有色金属冶炼及压延加工业	1.75	3.00	2.50	3.28	3.00	2.23
28	皮革、毛皮、羽毛及其制品业	1.50	1.50	4.50	3.20	2.75	2.10
29	家具制造业	1.25	2.00	3.50	4.63	3.25	2.09
30	木材加工及木、竹、藤、草制品业	1.50	1.50	2.75	3.62	1.75	1.86
平均		2.92	2.92	3.10	3.69	2.82	3.01

5.2 发展目标及路线图

5.2.1 扩大总量

2011—2015 年产业增加值年均增幅保持在 20%左右，2016—2020 年产业增加值年均增幅保持在 15%左右,打造国家重要的临港重化工业、现代装备业和战略性新兴产业发展基地,占据国际产业发展高地。

5.2.2 优化结构

到 2015 年,第三产业增加值占地区生产总值的比重达到 37%左右;2020 年达到 38%。"十二五"期间,现代装备业和重化工业作为支柱产业继续增长,现代服务业增长加速,新兴战略产业打下发展基础。"十三五"期间,以港口物流业、金融服务业、海洋旅游业、海洋气象信息服务业以及服务外包等为新亮点,大力发展现代服务业和新兴战略产业,使之成为经济增长的主要力量,与现代装备业和重化工业形成共同支撑北仑经济的支柱。

5.2.3 强化创新

创新资源集聚，加速技术密集型、知识密集型产业发展，加快调整原材料工业结构和产业布局，大力发展清洁能源、海洋装备等新兴战略产业。以信息技术、先进适用技术改造提升纺织服装、机械加工制造等传统产业。加快发展物流、金融、商务、新一代信息服务等生产性服务业，以及文化创意、旅游等现代服务业。创新成果大量涌现，企业创新主体地位全面提升，涌现出一批具有自主知识产权和国际竞争力的产品和企业。

5.2.4 生态发展

“十二五”期间，单位GDP能耗下降21%，碳排放强度下降28%；废弃物排放总量下降10%；“十三五”期间，单位GDP能耗下降25%，碳排放强度下降35%；废弃物排放总量下降20%。

5.2.5 完善布局

形成“两带八基地”，即北部的临港大工业带和南部滨海新兴战略工业带。北部临港大工业带主要发展新能源、化工和修造船等现代临港工业，南部滨海新兴战略工业带主要发展环保型、资源节约型、高新技术型工业发展，做大做强生态旅游业，加强生态农业发展。八大基地主要包括霞浦现代国际物流产业基地、大港高新技术产业基地、大碶高档模具产业基地、小港装备产业基地、汽车工业基地、城区高端商务基地、梅山保税港航基地和春晓新型工业基地。

5.3 重点发展石化、汽车和海洋装备三大产业

5.3.1 石化及化学产业

2009年，北仑区规模以上化学相关产业有49家，工业总产值达254.9亿元，占规模以上企业总产值的21.0%。龙头企业有逸盛石化和台塑关系企业等。北仑区石油化工发展现状及规划体系如图5-3所示。

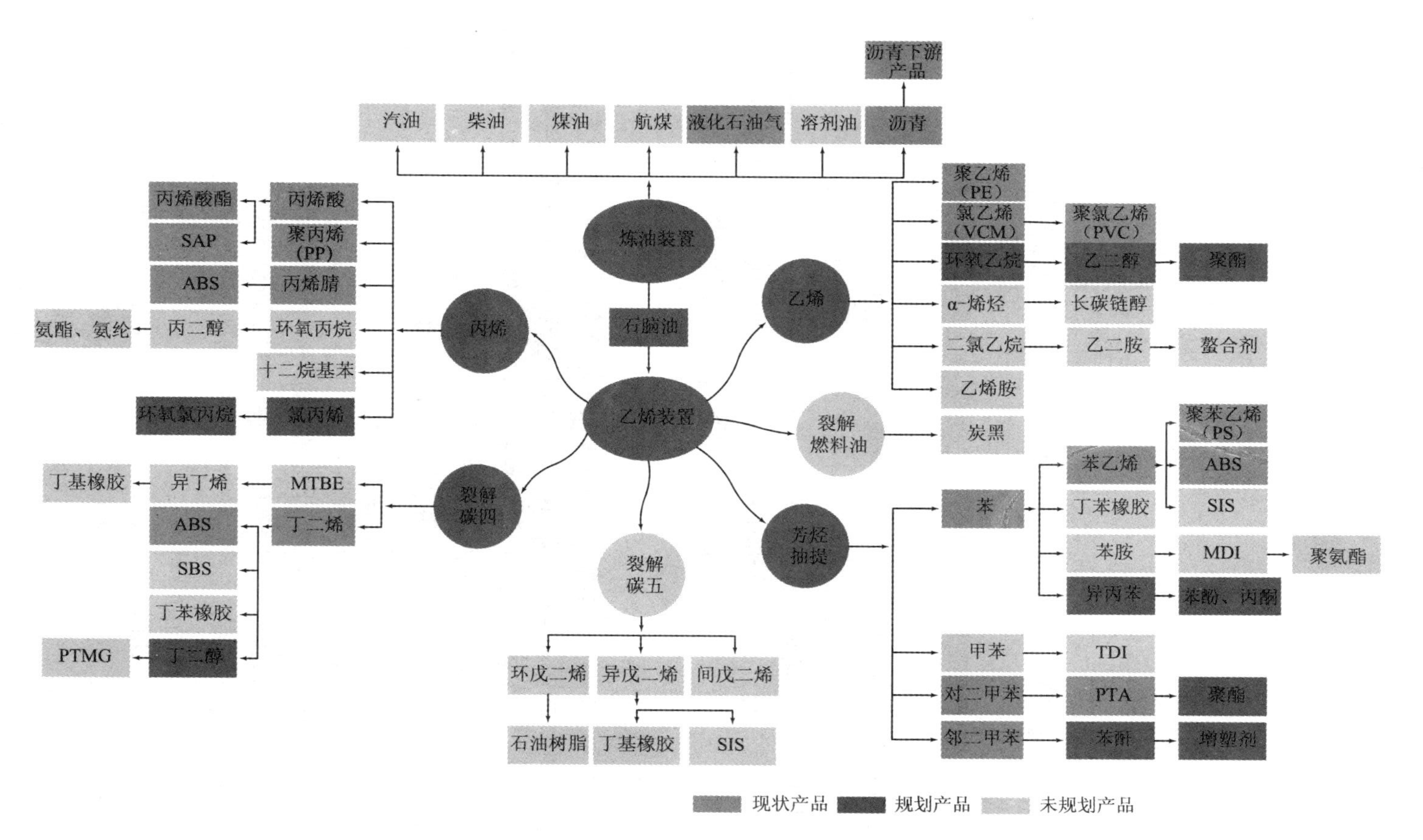

图5-3 北仑石油化工产业发展体系

通过以上北仑、镇海和大榭岛三个石油化工产业发展体系看出，北仑化学产业明显存在两个缺陷：一是产业存在“空洞”，即炼油、乙烯和芳烃联合装置的缺失；二是产业链短，精细化程度不够。而一江之隔的镇海，则不存在空心化的缺陷。

1. 产业发展定位

石化及化学产业在产业链上具有强烈的垂直一体化倾向，在单体装置上具有很强的规模经济效应，在物质关联上会形成错综复杂的产业共生体系，对基础设施和相关产业具有很高的要求，同时该产业又具有很高的技术创新潜力和敏感的路线替代性。因此，石化及化学产业的发展应该自始至终坚持“装置大型化、产业一体化、建设园区化、技术高度化”的发展定位，石化产业规划体系如图5-4所示。

(1)积极前拓“油头”，寻求“气头”和“煤头”制取烯烃的发展途径

持积极态度继续与大型企业接洽寻找大型炼化一体化装置的机会，争取“十二五”期间建设千万吨级炼油与百万吨级乙烯的大型炼化一体化装置。同时，未雨绸缪对天然气化工和煤化工作出远期战略筹划，关注天然气制烯烃和甲醇制烯烃的进展，关注天然气凝析油制芳烃进展，以“气头”和“煤头”伺机替代“油头”。

(2)做强做大中间体和聚合物产业

北仑现有石化体系基本集中在PTA大宗中间体和塑料聚合物下游环节。应该立足于现有产业和企业基础，继续做强做大这两个环节，在保持原有产品竞争优势的基础上，发展工程塑料、特种橡胶和新型树脂等产品。同时，全面加强与大榭、镇海在石化产业发展战略上的联系合作，在优化完善现有项目布局的基础上，促进一体化布局、错位式发展，进一步提升产业集聚水平。

(3)优先发展化工新材料产业链

积极对接大榭岛已有MDI基础，发展下游聚氨酯新材料产业；积极利用LNG冷能来发展丁基橡胶等特种化学品；加快形成以碳基材料、有机氟、有机硅、纳米材料为龙头的氟塑料、硅橡胶、碳纤维等化工新材料产业链；重点推进碳基材料、有机硅有机氟深加工、甲基氯硅烷单体、高性能专用钛白粉等项目。

(4)新型精细化学品产业链

利用江浙一带发达的化学产业体系和庞大的下游市场，以及本身的化学品散货码头优势，积极吸引国际精细化工巨头来建设发展精细化工产业体系。形成以“三药”中间体、电子化学品、现代装备业所需涂料等专用化学品和定制化学品为龙头的高端精细化学品产业链。重点推进高功能性汽车油漆、船舶涂料、光

刻胶、高纯度级别气体、纳米级化学品及集成电路需求的高纯试剂等项目。

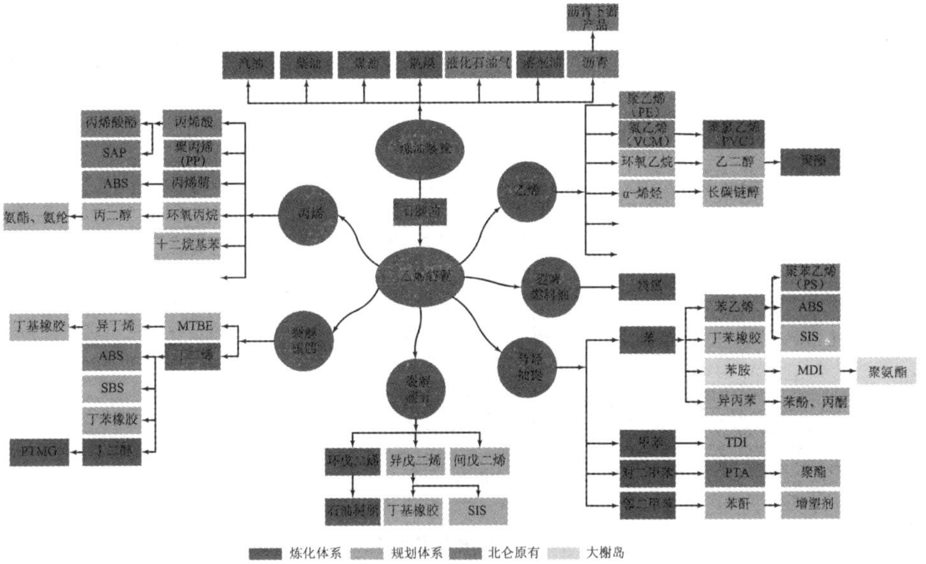

图 5-4　北仑石化产业规划体系

2. 产业发展重点

(1)炼化一体化及其替代产业体系

抓住浙江建设宁波—舟山国家级石化产业基地的契机,积极把握宏观经济发展趋势和石化产业发展周期,充分发挥港口岸线、交通区位及毗邻下游市场的比较优势,按照基地化、大型化、一体化的发展方向,积极向产业链上游炼油和乙烯领域拓展,争取"十二五"期间建成千万吨级炼油与百万吨级乙烯的大型炼化一体化装置。同时,未雨绸缪对天然气化工和煤化工作出远期战略筹划,关注天然气制烯烃和甲醇制烯烃的进展,关注天然气凝析油制芳烃进展,以"气头"和"煤头"伺机替代"油头",其产业关联体系如图 5-5 所示。

以重油为源头的体系如图 5-6 所示,建设常减压分馏和催化裂化装置可以发展出"重油→燃料"以及"重油→丙烯→聚丙烯"路线。

随着甲醇制烯烃(MTO)的技术进步及工业化突破,有望利用进口甲醇采用 MTO 路线来发展下游产业体系,如图 5-7 所示。在基础有机化工原料中,甲醇消费量仅次于乙烯、丙烯和苯,主要用来生产甲醛、甲基叔丁基醚(MTBE)、醋酸、甲酸甲酯、氯甲烷、甲胺、硫酸二甲酯、丙烯酸甲酯和二甲醚等有机化工产品。同时,在远景东海油气田供气充足的条件下,可以发展天然气制甲醇路线。

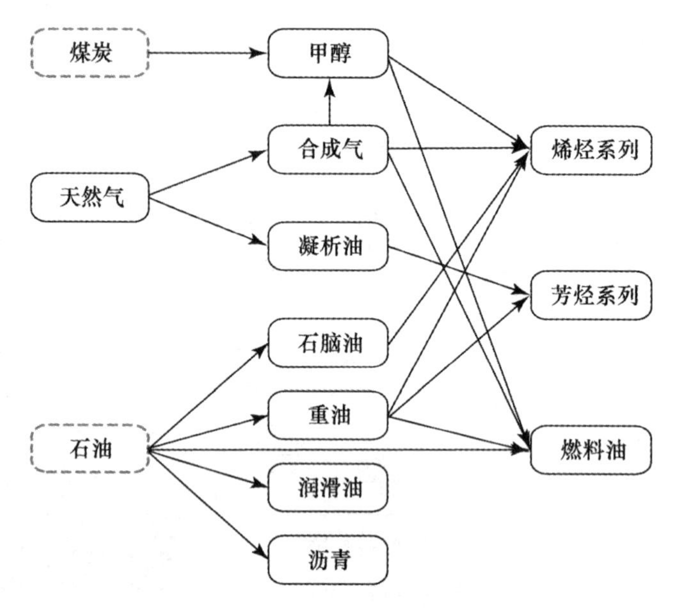

图 5-5　炼化一体化及其替代产业体系

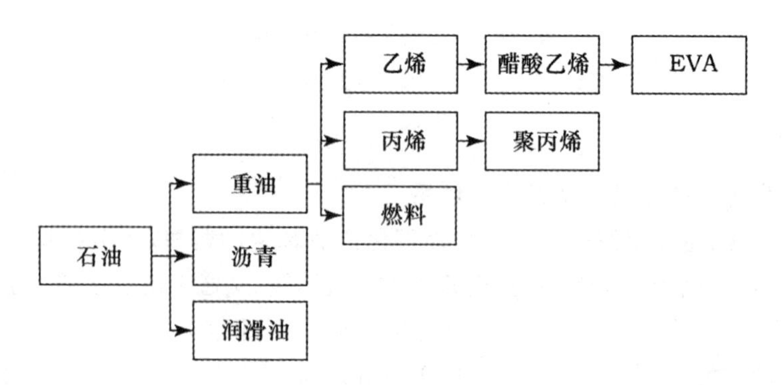

图 5-6　重油裂解下游产业体系

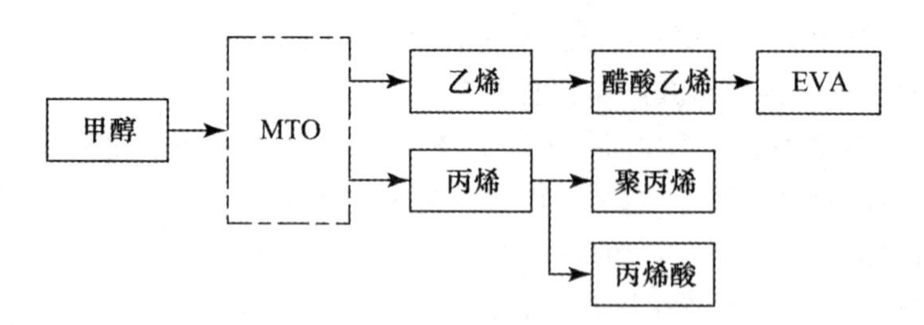

图 5-7　甲醇制烯烃的下游产业体系

(2)天然气化学产业体系

北仑是东海气田的登陆点,同时也建设有 LNG 项目。近期港区天然气的应用主要以供能、供热、民用为主，而后续可考虑发展天然气化工，以及以LNG终端站为核心的冷量利用系统。

天然气处理包括脱水、脱硫脱碳、硫黄回收和尾气处理；天然气加工包括凝液回收、天然气液化和天然气提氦；天然气利用包括天然气发电、天然气汽车、天然气制冷和天然气燃料电池等，化工利用则包括合成气、合成氨、甲醇、液体燃料的技术等等。随着天然气加工及化学工业的发展，依靠天然气资源优势或者引进天然气资源，对天然气进行深度加工和下游产品开发，合成高附加值产品，将成为天然气化学工业的发展趋势，如图5-8所示。

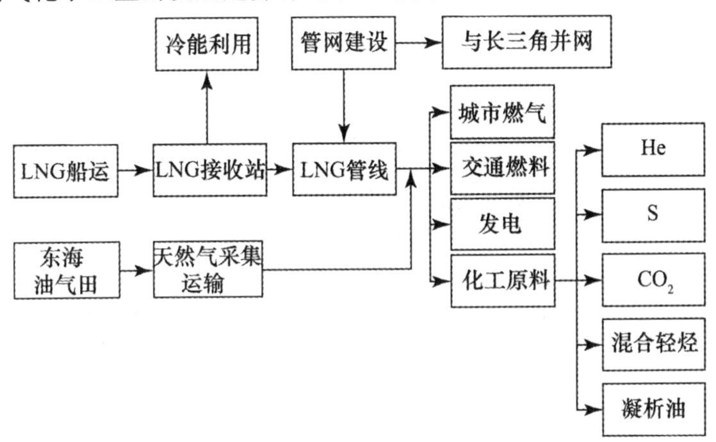

图5-8 天然气利用与开发产业体系

天然气化工利用。

统计资料表明，天然气作为化工原料利用的消费量占全球天然气总消费量的比重在10%以下，生产门类众多的化工产品年产量已达1.6亿吨之多。除了一些产量较少的一次产品如甲烷氯化物、乙炔、二硫化碳、氢氰酸、硝基甲烷等可由天然气为原料直接制取外，作为大宗的两种化工产品——合成氨和合成甲醇则是天然气经由合成气($CO+H_2$)间接制取的。全球以天然气为原料生产的合成氨和甲醇产量分别要占到这两种产品总产量的85%和90%，构成了天然气化工利用的核心；天然气经合成气转化为液体燃料的新技术，则为天然气开辟了一条新的重要途径，如图5-9所示。

天然气凝液(NGL)回收及深加工体系。凝析油是油气田生产过程中的副产品，是指从天然气凝析出来的液相组分，又称天然汽油。其主要成分是C5至C8烃类的混合物，并含有少量的大于C8的烃类以及二氧化硫、噻吩类、硫醇类、硫醚类和多硫化物等杂质，其馏分多在20～200 ℃之间，挥发性好，是生产溶剂油的优质原料。凝析油在230 ℃馏分点之前主要成分为环烷烃，在290 ℃以上

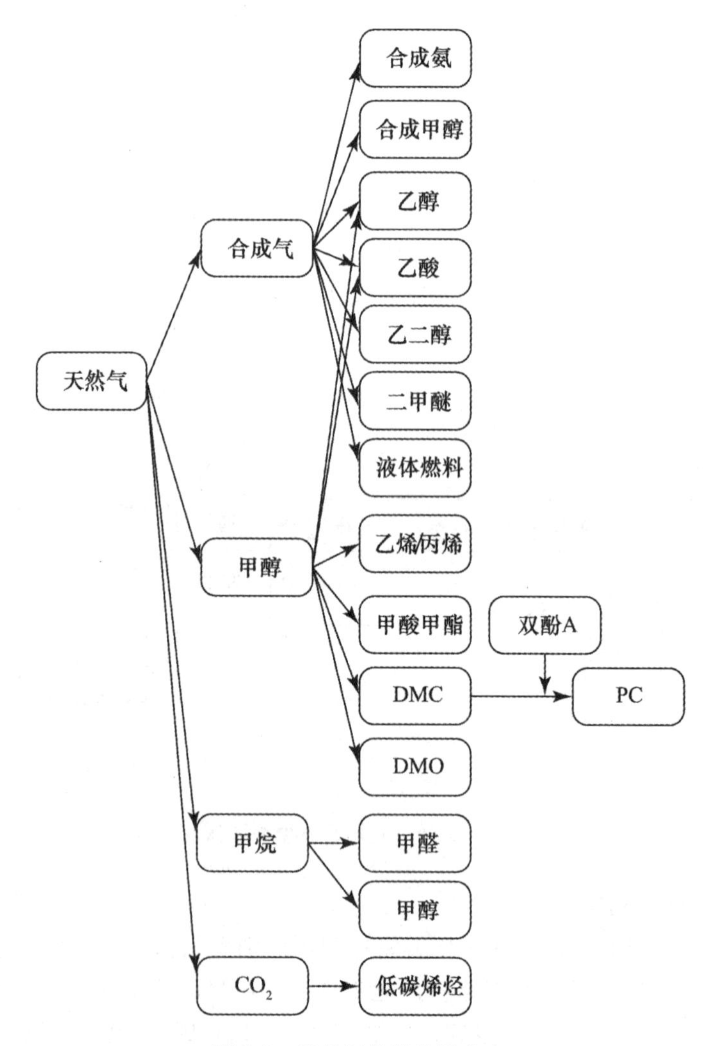

图 5-9　天然气化学发展方向

为石蜡。在 60～180℃馏分中环烷烃含量高，这部分馏分作为重整异构原料具有芳烃潜含量高、含硫量低、灰分低、金属含量低等特点，只要略加精制就可作为重整异构的原料，如图 5-10。

冷能利用。天然气在 144.4K 时发生相变，由气态转变为液态。液化天然气简称 LNG，是以甲烷为主要组分的低温、液态混合物，其体积仅为气态时的 1/625，即 1 m^3 的液态天然气约等于常温常压下 600m^3 的气态天然气，具有便于运输、储存效率高、生产使用安全、有利于环境保护等特点。LNG 用途广泛，不仅可以作为能源利用，而且它所携带的低温冷量，可以实施多项综合利用，如冷藏、冷冻、空调、低温研磨等。利用 LNG 的冷能，可以开发多种制冷产业，具

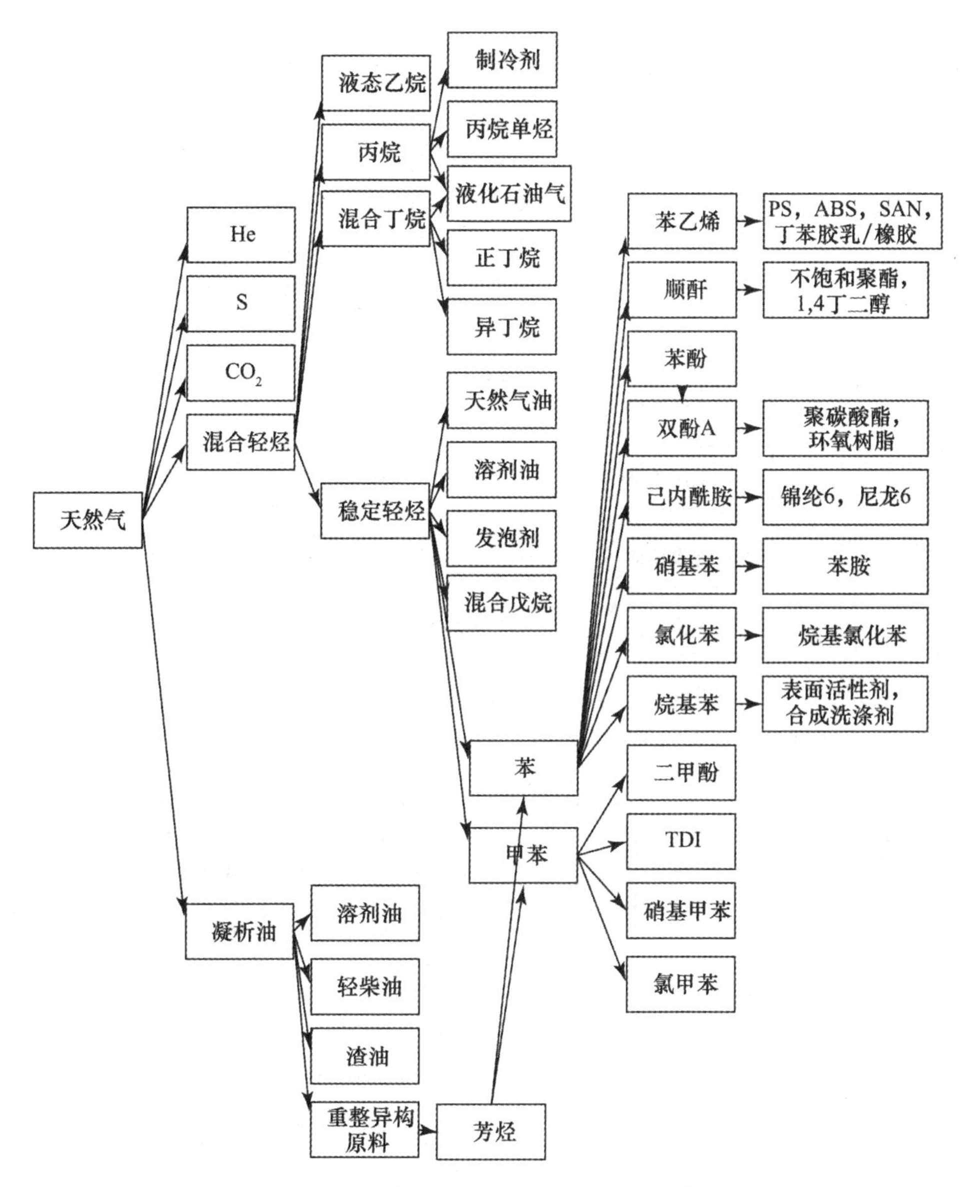

图 5-10 天然气凝液(NGL)回收及深加工体系

体开发与利用如图 5-11 所示。在此值得关注的是,要结合北仑强大的化学产业基础,发展冷能化学产业体系,如丁基橡胶等。

(3)PTA—聚酯产业体系

北仑已经成为国内最大的 PTA 生产基地。依托该产业可以进一步发展产品附加值高、技术工艺先进、适合市场需求的各类有机化工原料和合成材料中间

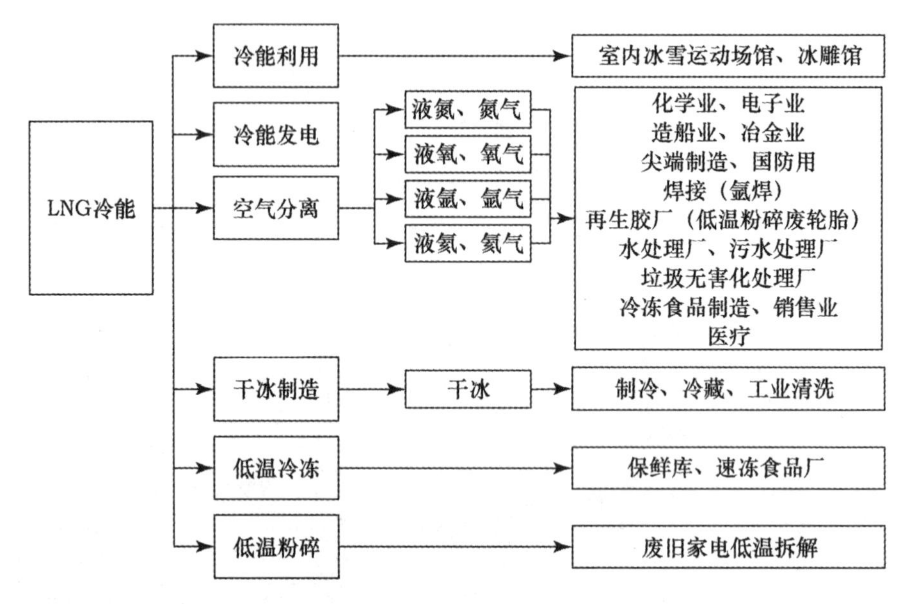

图 5-11　LNG 冷能利用产业链

产品，包括高级合成树脂、纤维单体、合成纤维聚合物、化学纤维、PET 切片、氨纶和玻璃纤维等新材料和产品，如图 5-12 所示。

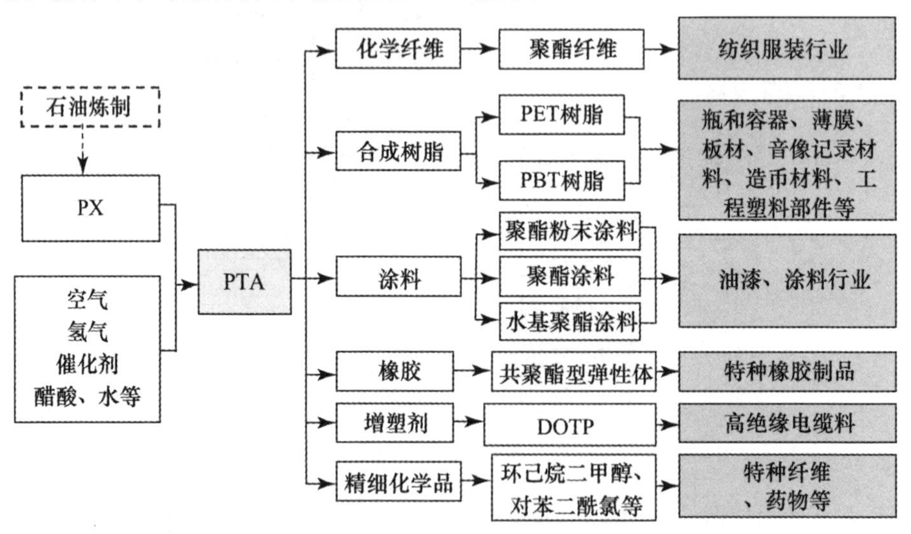

图 5-12　PTA 产业链

(4)聚氨酯及其下游产品体系

大榭岛现有烟台万华的 MDI 产业体系。万华通过自主创新开发，形成了自己成熟的 MDI 制造技术，其生产工艺流程如图 5-13 所示。依托万华龙头企业及其核心技术,可以发展聚氨酯及其下游产品体系。以汽车为例,聚氨酯可以为汽车产业提供多达数百种材料,如图 5-14 所示。

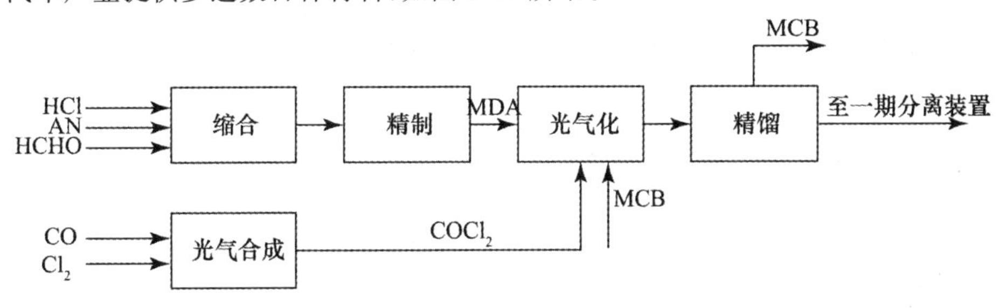

图 5-13 宁波万华 MDI 生产工艺流程

(5)化工新材料产业体系

北仑应依托良好的化工产业基础和发达的现代装备业体系,重点开发低能耗的各类脂肪族聚氨酯及环氧树脂等涂料,积极研发应用如纳米技术等先进适用技术,向高耐候性、耐腐蚀、耐高低温、耐磨损及绿色环保的高层建筑、交通、汽车、船舶工业用方向发展。

涂料由三个组分组成:成膜物、颜料、溶剂,一般还加有各种助剂。成膜物是涂料中的最主要成分,在成膜前一般为有机聚合物或齐聚物,成膜后为聚合物膜。颜料一般为无机或有机粉末。溶剂为能溶解成膜物的易挥发的有机液体。溶剂的挥发是涂料造成大气污染的主要根源,其种类和用量有严格限制。助剂有催干剂、抗腐剂、流平剂等。涂料产业链汇集了聚酯树脂、不饱和聚酯、醇酸树脂、丙烯酸酯、醋酸酯等多条树脂产业链,以及溶剂、助剂、无机化工原料的颜料生产,与重油产业链及 PTA 产业链均有关联,如表 5-3 所示。

表 5-3 涂料按成膜物分类

	涂料类别	主要成膜物
1	油脂漆	天然植物油、鱼油、合成油
2	天然树脂漆	松香及其衍生物、虫胶、乳酪素、动物胶、大漆及其衍生物
3	酚醛树脂漆	酚醛树脂、改性酚醛树脂、甲苯树脂
4	沥青漆	天然沥青、煤焦沥青、石油沥青等
5	醇酸树脂漆	醇酸树脂及改性醇酸树脂
6	氨基树脂漆	脲醛树脂、三聚氰胺甲醛树脂
7	硝基漆	硝基纤维素、改性硝基纤维素

续表

	涂料类别	主要成膜物
8	纤维素漆	苄基纤维、乙基纤维素、羟甲基纤维、乙酸纤维、乙酸丁酸纤维
9	过氯乙烯漆	过氯乙烯树脂、改性过氯乙烯树脂
10	乙烯树脂漆	氯乙烯共聚树脂、聚乙酸乙烯及其共聚物、聚乙烯醇缩醛树脂、含氯树脂、氯化聚丙烯、石油树脂
11	丙烯酸树脂漆	丙烯酸树脂
12	聚酯树脂漆	不饱和聚酯、聚酯
13	环氧树脂漆	环氧树脂、改性环氧树脂
14	聚氨酯漆	聚氨酯
15	元素有机漆	有机硅、有机氟树脂
16	橡胶漆	天然橡胶、合成橡胶及其衍生物
17	其他漆类	聚酰亚胺树脂、无机高分子材料等

重点发展合成材料下游产品、新型精细化工等领域，其中合成材料下游产品重点发展化学建材、汽车配件(内、外装饰件)、家电外壳、新型日用制品、箱包用材等；精细化工产业要以高技术含量、高附加值、环保型为方向，积极开发新领域精细化工产品，重点发展功能性高分子材料、油田化学品、高档溶剂、化学药物新制剂等。

(6)产业共生体系构建

梳理北仑区台塑石化、逸盛石化、宁波万华、三菱化学这四家大企业的原料使用情况及公用消耗情况，得到了以这四家企业为核心的原料供应及消耗物流图，如图 5-15 所示。

图中，实线箭头所示路径为目前北仑区已经有物流流向的路线，虚线箭头所示为目前还没有形成物流路径但根据资源配置可能形成的物料路径。从图中可以看出，北仑区目前石化行业物料交换仅限于企业内部，企业之间还少有联系。从企业原料消耗来看，台塑的 SAP 装置需要用到 NaOH，PP 装置、PTA 装置均需要用到 H_2，制 PVC 的原料 VCM 单体的过程中也需要用到 Cl_2，而目前宁波万华有其 12 万吨/年的氯碱装置，其产出正是 NaOH、Cl_2 和 H_2，所以完全可以与两家企业协商合作，只设置一台规模较大的氯碱装置来满足两家企业需求；另外，台塑的 PTA 装置、AA/AE 装置等均需用到甲醇，而宁波万华的 MDI 装置需要由甲醇而进一步反应得到的甲醛，其甲醇、甲醛生产则又可以考虑集中由一家企业生产，满足两家企业需求。另外，即使是企业内部，企业目前也还有可进

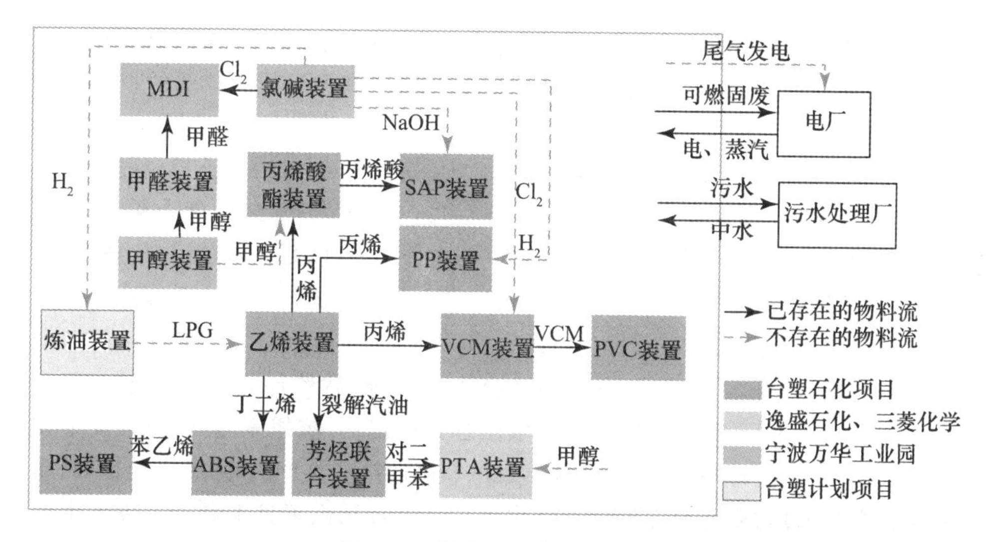

图 5-15 北仑区石化行业物流

一步调配的空间,如台塑关系企业内部有 PVC 污水处理场、ABS 污水处理场,及其他的场内污水处理场,从规模效应的角度来考虑,大可以把这些污水处理厂集中起来,进行集中污水处理,扩大其污水处理能力及降低技术成本费用。

在石化产业内部,按照“原料一反应物一产品+副产品一原料”的思路,使企业之间产品、副产品、废气、废水和固废等互为原料、阶梯利用,形成各具特色的产品链。如从炼化开始(台塑规划中),发展从原油加工、乙烯生产,向下延伸至聚烯烃塑料、聚酯化纤、有机化工原料和精细化工等,并结合园区内的热电、污水处理等基础设施,形成以炼化为龙头,石油加工为主体的石化产业循环经济。

5.3.2 汽车及零部件产业

1. 产业发展现状

汽车整车及零部件产业体系如图 5-16 所示。北仑既存在吉利汽车公司整车生产企业,也存在敏实、拓普、雪龙、德业、宏驰、宏协等为主体的汽车零部件产品群和企业群体。2009 年,汽车及零部件产业规模以上企业共有 70 多家,产值超过 100 亿元。

吉利汽车自 2007 年明确提出进行战略转型以来,通过产品更新换代,将企业的核心竞争力从成本优势转向技术优势。吉利汽车在北仑建设有远景系列的整车生产,2008 年吉利汽车(北仑)产量为 8.6 万辆,零部件采购达 25 亿元,具有强大的区域产业带动能力。然而,目前,吉利汽车吸纳本地汽配企业产品量还非常小，其本地供应商仅有10家左右，面向北仑采购的零部件约5000万元左右，占总采购额的2%。显然，这很不利于吉利整车和本地汽配产业的技术升级和竞争优势。

北仑大部分汽配企业前身都是模具企业，分布相对较散，尽管规划成立了汽配园区，但大多数企业仍然分布在各处。在北仑生产的汽车零部件中，高新技术产品较少，大多数产品为普通钣金压铸件和内饰塑料件，缺乏对新材料、新工艺、新结构、新理论的应用和开发，尤其是以汽车电子技术为特征的汽车零部件开发较少。目前北仑区汽车零部件生产品种多数属于60种汽车关键零部件产品中技术层次较低的第三类产品，如密封橡胶件、减震垫、内饰件等；对属于技术层次中等的第二类关键零部件产品，虽有液压悬置减震器、抗扭减震器、高强度紧固件等产品，但规模都不大；对属于技术层次较高的第一类产品，除了发动机、制动防抱死系统、自动变速箱等机电一体化产品已由吉利汽车自主研发并投入生产外，数字化电动助力转向器、全球定位系统、汽车黑匣子、电子门锁等汽车电子零部件产品的生产尚属空白。

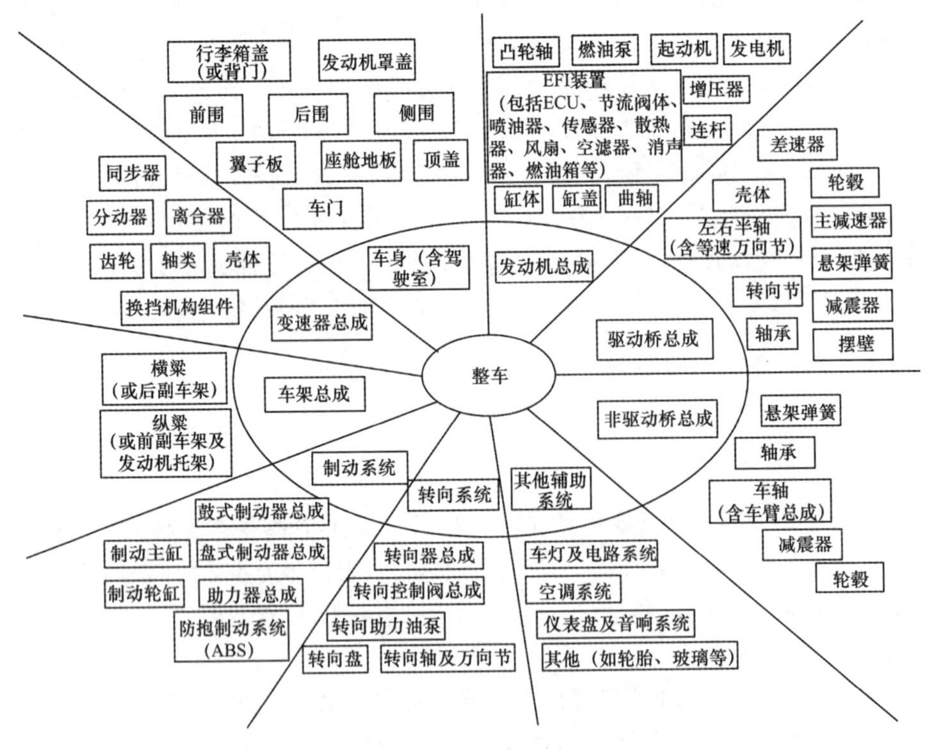

图5-16　汽车整车及零部件产业体系

2. 产业发展定位

“十二五”时期,是汽车及零部件产业从量变到质变的加速蜕变期,掌控关键技术、关键领域、核心部件的重要突破期,拓展延伸产业链和实现集聚集约发展的转型提升期。

北仑要抓住金融危机后世界汽车产业大调整的历史机遇和国家汽车产业振兴调整的战略导向,依托吉利汽车整车及零部件改造扩产与高档汽车生产、拓普汽车特种橡胶配件、敏实集团春晓汽车零部件等重点项目,大力推进吉利整车生产龙头扩能与升级,整合提升中下游汽配零部件,着力积极构建“终端归集、多点分布、网状衔接”整车和汽配零部件产业体系,打造国内外有重要影响的聚合化、一体化、集群化轿车生产基地及汽车零部件产业基地。

3. 产业发展重点

(1)倍增产能

加强关键技术研发能力,突破核心部件的生产制约,实现汽车及其零部件产业的倍增。“十二五”期间,改扩建两条以上整车生产线,生产能力提升一倍,形成年产 15 万辆轿车及 30 万台配套发动机、变速箱的生产能力,实现汽车整车工业产值达 100 亿元以上,汽车零部件及相关产业近 100 亿元。

(2)积极发展混合动力汽车和新能源汽车

鼓励汽车生产企业研制和生产纯动力、混合动力、燃料电池等新能源汽车,鼓励和支持汽车新能源装备和配套设备的制造。建立核心技术研发平台,支持高等院校及科研机构推进科技成果产业化。加强新能源汽车电池产业研发。新能源汽车是将新能源和汽车两大支柱产业完美结合的战略性新兴产业,其电池技术是新能源汽车的关键部件,发展前景广阔,同时世界范围内还没有形成产业集群。北仑应该抓住机遇,打造新能源汽车电池产业,可以考虑引进国外先进技术,建立规模化生产的新能源汽车电池企业。

(3)做大做强零部件产业

培育和引进一批汽车零部件配套生产企业,重点发展汽车发动机系统、汽车电子控制系统、汽车传动与行驶控制系统、汽车信息系统等四大汽车关键零部件产品。加快发展变速器、离合器、减震系统和冷却系统等汽车零部件中的关键部件发展,延长产品的产业链,向整车厂销售系统总成,形成集成化、模块化供货。同时,积极参与国际汽车产业分工,介入纯电动、插电式混合动力等新能源汽车领域,形成新的产业增长点。

(4)拓展基地产业配套能力

加快推进以吉利北仑基地为中心,整合区域零部件生产企业,形成涵盖上下游全产业链,辐射几大重点产业基地,构建“一心三点、纵向聚合”产业配套格局,进一步强化整车生产与配套零部件之间的关联度,使吉利汽车在北仑模具、大港、汽车几大基地内的零部件采购比重迅速提高。建立汽车零部件专业物流中心,加快汽车零部件仓储设置,与汽车制造商、零部件制造商及经销商建立物流网络,以便捷的流通服务为其提供增值服务。

(5)节能减排,推动产业生态化

一是加大新能源清洁汽车的研发投入。二是企业在汽车整车和零部件制造过程中推行清洁生产,减少资源利用和能源消耗,在产品寿命终结后能够最大限度地实现再制造,实现节能减排,实现绿色生产。三是引导整车制造和零部件生产企业使用镁合金等绿色工程材料,促进汽车轻量化,满足汽车工业节能减排的要求。

4. 汽车逆向物流及再制造产业发展

根据汽车构成及零部件生产的特点,从实现循环经济角度出发,构建金属、橡胶及塑料等废物的汽车逆向物流体系和以发动机为主体的再制造体系。

(1)金属类逆向物流

在金属类零部件中,主要有冲压件和铸造件,其可能的产业链体系结构如图5-17所示。对于冲压件,在车身(含驾驶室)及车架总成生产过程中产生的“边角料”,主要有五种可能的去向:一是做车桥总成和转向系统中零部件的原材料;二是做制动系统总成和仪表板等其他辅助系统中零部件的原材料;三是做垫圈、密封圈骨架、承运工具及其他应用系统(如民用围墙)等的原材料;四是作为其他铸造件的填充材料,以改变该铸造件的机械性能;五是部分边角料直接以废钢铁的形式进行处置。其他总成系统生产过程中产生的“边角料”,原理同上。同时,从图5-17可以看出,对于车桥总成及转向系统生产过程中应用的原材料,主要有两种来源:一种是源钢板,另一种是车身(含驾驶室)及车架总成生产过程中产生的“边角料”。其他总成系统生产过程中应用的原材料,原理也与其类似。

对于铸造件,主要有球铸铁、灰铸铁、铸造铝合金及铬等其他金属铸造件。在铸造件机加工过程中产生的“边角料”,其可能的去向主要有两种:一种是作为其他铸造件的填充材料,以改变该铸造件的机械性能;另一种是直接作为废金属进行处置。

(2)橡胶及塑料类逆向物流

橡胶及塑料类产品可能的产业链体系结构如图5-18所示。在助力器膜片

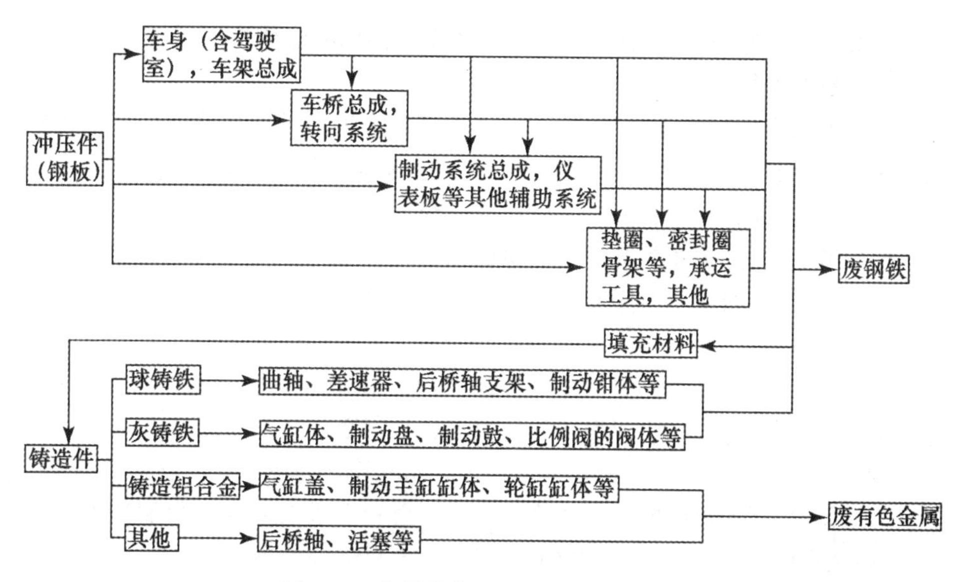

图 5-17 金属类产品的产业链体系结构

等产品的生产过程中产生的“边角料”,主要有三种可能的去向:一是做制动主缸的皮碗、制动轮缸的防尘罩等零部件;二是做比例阀的油封、制动主缸的蹄隙调整孔胶塞等零部件的原材料;三是直接以废橡胶的形式进行处置。其他产品生产过程中产生的“边角料”,原理同上。同时,对于制动主缸的皮碗、制动轮缸的防尘罩等零部件生产过程中应用的原材料,主要有两种来源:一种是源橡胶材料,另一种是助力器膜片等产品的生产过程中产生的“边角料”。其他产品生产过程中应用的原材料,原理也与其类似。

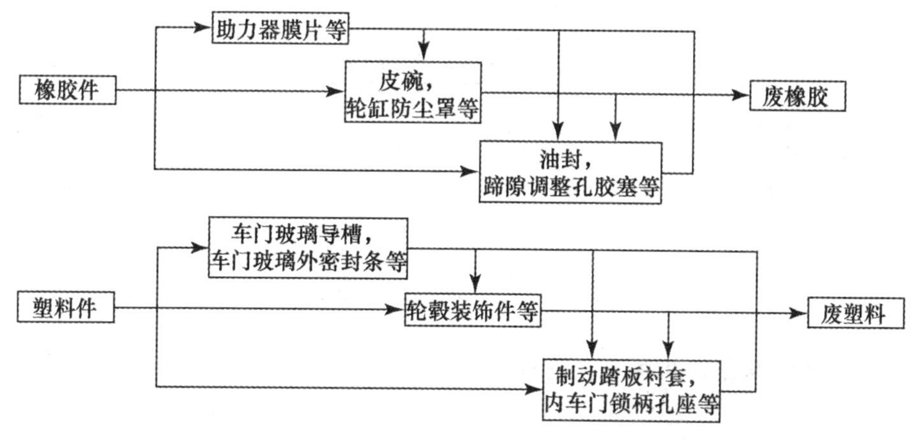

图 5-18 橡胶及塑料类产品的产业链体系结构

同时，木材及纸板类产品也可以建立类似的逆向物流体系。

(3)废旧发动机再制造

北仑有吉利发动机项目，因此可以考虑开展废旧发动机再制造。废旧汽车发动机再制造技术在国外已有50多年的历史，从技术标准、生产工艺、加工设备到配件供应、产品销售和售后服务已形成一套完整的体系，积累了成熟的技术和丰富的经验，并已形成相当规模。在美国和欧洲，都有专门的汽车发动机再制造协会(仅在美国该协会就有160多个会员)，负责管理、协调汽车发动机再制造行业的技术、设备、产品、备件供应等事宜。世界著名的汽车制造厂(如福特、通用、大众、雷诺等)，或有自己的发动机再制造厂，或与其他独立的专业发动机再制造公司保持固定的合作关系，以对旧发动机进行再制造。

我国对于汽车发动机再制造非常重视。国家循环经济试点中设立了济南复强动力有限公司发动机再制造项目。该公司全套引进欧美各国再制造专用设备，严格按照欧美模式和标准建立起技术、生产、供应和营销体系，从一开始就贯彻ISO9002质量标准，是一家高起点、专业化的具有国际水准的汽车发动机再制造公司。再制造产品都严格地按照再制造工艺和苛刻的检验和试验标准进行，保证了质量等同或优于新品。复强动力有限公司按其现在的规模，其年生产能力可达12000台，吸收380人就业。通过对3000台再制造斯太尔发动机进行统计得知：废旧斯太尔发动机中可再利用和再制造的比例占重量的94.5%，价值占90.1%，数量占85.7%；可再循环的比例占重量的5.5%，价值占9.9%，数量占14.3%。若再制造1万台斯太尔发动机，则可以回收附加值3.59亿元，提供就业330人，并可节电0.16亿度，上缴利税0.60亿元，减少二氧化碳排放1.3万～1.7万吨(如表5-4所示)。

表5-4　再制造1万台斯太尔发动机的经济环境效益分析

	消费者节约投入(亿元)	回收附加值(亿元)	直接再用金属(万吨)	提供就业(人)	利税(亿元)	节电能(万度)	减少二氧化碳排放(万吨)
再制造	2.9	3.59	0.85(钢铁0.66，铝0.15，其他0.04)	330	0.60	1600	1.28—1.7

5.3.3 海洋装备及相关支持产业

1. 产业发展现状

北仑现代装备业体系完整。除汽车及零部件产业外，还形成了注塑机、模具和数控机床等特色产业。2009年,全区规模以上装备制造企业超过400家,完成工业总产值超过280亿元,占全部工业产值的比重达到25%,装备工业贡献的增加值达到63亿元,实现的利润总额达18亿元,已经成为全区工业经济发展的支柱性产业。

模具和注塑机产业逐渐由块状经济向现代产业集群提升迈进。模具产业群实力雄厚,铝压铸模产量和技术水平居于全国领先地位,享有"中国压铸模制造基地"的美誉,模具生产从单一压铸模产品为主延伸到压铸零部件、精密压铸、精密机械加工和表面处理等产品生产,生产水平跃上新台阶。注塑机产业集群效应明显,是世界级的注塑机生产基地,已形成系列化、多元化、自动化、节能化产品。

然而,北仑在大型装备尤其大型海洋装备方面的发展严重不足和欠缺。北仑地区造船业主打产品是10万吨以下的船只,涉及少量10万吨以上的轮船;造船行业绝大部分船舶建造的关键核心部件无法在北仑实现配套。在海洋油气采输、港口机械和游艇等产业方面则基本空白。

2. 产业发展定位

全球装备制造业正处于转型升级的活跃期,我国也面临着装备制造业产业转移和产业转型升级的机遇期。北仑地处浙东海洋经济圈的核心区域,又具有良好的装备产业基础,应该将海洋装备及相关支持产业作为龙头产业、重点发展,力争成为"十二五"及后续经济发展的最强点。

在国家和浙江省的产业政策指导下,以打造国际知名的先进海洋工程装备制造基地为总目标,抓住国家振兴装备制造业以及东海油气资源开发的战略发展机遇,依托区位和港口岸线资源优势,采取外引内联、高起点、大投入、做特色的策略,对接大企业和发展大装备,建成具有国际影响力的海洋工程装备、港口机械和成套设备等特色产业的重大技术装备产业园和现代制造服务中心,实现北仑海洋工程装备制造产业的跨越式发展。

(1)大力引进和发展海洋工程装备业

支持造船企业研究开发新型自升式钻井平台、深水半潜式钻井平台和生产平台、浮式生产储卸装置、海洋工程作业船及大型模块、综合性一体化组块等海洋工程装备,鼓励研究开发海洋工程动力及传动系统、单点系泊系统、动力定位系统、深潜水装备、甲板机械、油污水处理及海水淡化等海洋工程关键系统和配套设备。

(2)积极拓展大型成套装备产业

围绕国家重大工程建设和重大产业调整振兴需要,争取在成套技术装备产业及关键部件上有所突破。重点是在轨道交通设备、核电设备、港口工程机械等成套设备等方面实现突破，努力培育北仑装备制造业发展的新优势。

(3)做强做精基础装备产业

基于现有产业基础，重点发展模具、注塑机、数控机床、电机及驱动装置、海底电缆、核电及轻轨用电缆、不锈钢深加工、智能机械设备和光机电一体化设备等。

(4)积极发展高附加值的游艇产业

结合南部高档居住社区的开发，建立游艇产一供一销一玩一体化基地。大力推广物联网技术在装备制造业中的应用，发展基于物联网技术应用的装备制造技术。

3. 产业发展重点

(1)海洋油气开采系统及配套设备

海上石油开发可分为两个阶段，即开发建设阶段和采油气阶段。其中，开发建设阶段包括地球物理勘探阶段和勘探钻井阶段，采油气阶段主要是打生产井和进行油气的采集、处理、储存、运输等生产设施的建设并进行生产。海洋油气开采系统主要包括海上钻井、海上平台、油气集输和油气储运等子系统，如表 5-5 所示。

表 5-5 海上油气开采系统及配套设备

类别	配套设备
海上钻井	桩基固定平台；座底式(沉浮式)钻井平台；自升式钻井平台；钻井船；半潜式钻井平台
海上采油	油井护管架或油井保护平台；桩基钢质固定平台；重力式固定平台；牵索塔式平台；张力腿式平台 采油井口设备；修井船或作业船；修井、井下作业及补充油层能量所用的机械设备；海底采油系统
油气集输	井口模块(井口采油树、测试分离器、管汇、换热器等)；油气处理模块(生产分离器组、电脱水器、原油稳定装置等)；天然气处理模块(分离器、洗涤器、压缩机、轻质油回收装置等)；污水处理模块(隔油浮选、沉降分离、过滤器、水泵等)；发电配电模块；生活模块；注水模块；压缩模块等
油气储运	储油容器：油轮、海底油罐、平台储罐、重力式平台支腿储罐、储油系泊联合装置等输送工具：油轮、海底管线等

北仑距离东海海上油气资源开发地较近,又是春晓气田的登陆点,因此易于建设成为东海油气开发的陆域基地。我国十分重视海洋工程装备的发展。为指导我国海洋工程装备产业发展,制定了一系列产业政策并编制《海洋工程装备科研项目指南》。2009年,国务院审议并通过了船舶工业振兴规划,决定在新增中央投资中安排产业振兴和技术改造专项,支持高技术新型船舶、海洋工程装备及重点配套设备研发。海洋工程装备制造产业发展应主要立足于海洋工程的配套产品,结合国家《海洋工程装备科研项目指南(第一批)》的指导,重点发展以下几类产品:

大型生产装置设备及配套产品。FPSO、物探船、起重船、钻井船等高技术海洋装备配套产品。支持造船企业研究开发新型自升式钻井平台、深水半潜式钻井平台和生产平台、浮式生产储卸装置、海洋工程作业船及大型模块、综合性一体化组块等海洋工程装备,鼓励研究开发海洋工程动力及传动系统、单点系泊系统、动力定位系统、深潜水装备、甲板机械、油污水处理及海水淡化等海洋工程关键系统和配套设备。

大型生产装置配套产品。大型海洋工程上部模块、海洋工程甲板机械、升降装置、动力装置;推进系统等。

海洋钻机和其他特种装备。海洋油气钻采设备、水下防喷器、隔水管系统、动力定位系统、中央集成控制系统等。

(2)船舶制造及配套设备

船舶工业是典型的综合加工装配工业,被称为“综合工业之冠”。船舶建造作为一个复杂的生产系统,主要包含如下九大组件:船舶主机、甲板机械、舱室机械、传动机械、特种机械、发电机、导航通信设备、电子电器设备和其他综合配套产品。生产结构如图5-19所示。

大力引进造修船龙头企业。大造修船企业是船舶工业的龙头企业,对船舶工业及相关产业带动力强大。北仑发展海洋工程装备制造业,一方面要继续扶持现有企业外,还要大力引进造修船的龙头企业。加强修船技术研究,增强大型船舶、特种船舶、海洋工程装备修理和改装能力。建设一批6万～20万吨级大中型修船坞,适量建设30万吨级以上超大型修船坞,形成大、中、小配套的船坞修理体系。具有坞修30万吨级以下的各类船舶及海洋工程船舶的能力,同时具备大型船舶改装能力。

大力发展船舶配套产业。重点发展四大类船舶配套产业,即船舶钢结构配套企业、船舶物流类配套企业、船舶机电设备生产企业、船用电子导航与自动化企业。引进发展具有世界先进技术水平和国际知名品牌的核心配套产品。主要有:以中低速大功率船用柴油机为重点的船舶电力设备、船舶通信和导航设备;重点船配产品的再配套产品,如曲轴等船机配套产品。

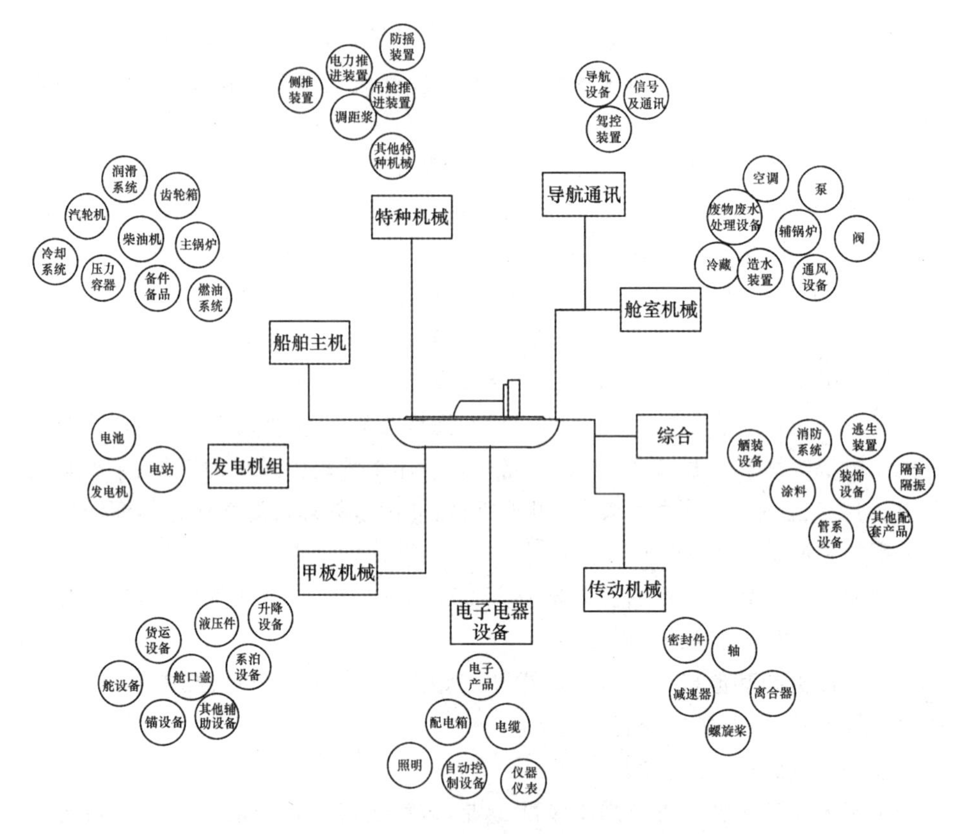

图 5-19　船舶的产业关联体系

发展绿色造船业。主要是采用绿色工艺、装备和材料，实施绿色加工成型、绿色焊接、绿色涂装等，减少或消除船舶建造过程对环境的影响；研究搅拌摩擦焊、激光焊等先进焊接工艺，推动船舶焊接技术向焊接自动化、高效、优质、低能耗和环保的方向发展；推广应用绿色船舶涂料，优化涂装工艺，实施涂装环保作业；造船材料选择便于回收、生产过程简便、易于加工的材料，选用无毒无害材料和可再生材料。

(3)港口机械

北仑是长三角最重要、最便捷的出海口岸之一，有利于发展油气化工、矿石、煤炭等大宗散货、集装箱和杂货运输等综合性港口业务。各专用码头及配套港口机械如表 5-6 所示。

表 5-6　专用码头及配套港口机械

类型	货物类型	配套港口机械
干散货码头	铁矿石、煤炭、焦炭等	船吊或普通门机抓斗、带斗门机抓斗、装卸桥抓斗、连续卸船机(如链斗卸船机、螺旋卸船机、斗轮卸船机)和吸粮机等

续表

类型	货物类型	配套港口机械
集装箱码头	货物类型多样化	跨运车、底盘车、叉式装卸车、有轨和无轨龙门起重机等
原油码头	原油	输油泵、输油管、输油软管或输油臂及附加设备

港口装卸机械是在港口用来完成船舶与车辆的装卸、库场货物的堆码、拆垛与转运及舱内、车内、库内装卸作业的起重运输机械。港口装卸机械可分为港口起重机械、港口连续输送机械、装卸搬运机械和专用机械四类，如表 5-7 所示。

港口起重吊运及抓举机械，包括：轮胎式龙门起重机、电动轮胎式起重机、轮胎式起重机、轨道式集装箱龙门起重机、浮式起重机、桥式起重机、固定式起重机、船用起重机等。

港口牵引机械，包括：大倾角档边带式输送机、链式输送机、移动带式输送机、螺旋输送机、通用固定带式输送机、港口气垫带式输送机等。

港口搬运机械，包括：港口集装箱堆高机、集装箱正面吊、叉车、自动导航车（AGV）、港口特种搬运车辆等。

物流仓储设备，包括：大型立体仓储搬运成套设备开发与制造分拣设备、提升机、搬运机器人，以及计算机管理和监控系统、输送线物流自动化系统开发与制造。

表 5-7　港口机械分类

类型	组成
港口起重机械	轻小型起重机械（千斤顶，起重葫芦，卷扬机等）；升降机（电梯和缆车等）；臂架起重机（固定式—桅杆动臂起重机和船舶吊杆等，移动式—轮胎起重机、门座起重机、汽车起重机、履带起重机、小型起重机等，浮式—起重船）；桥架起重机（港口库内用的桥式起重机，货场上用的龙门起重机，装卸桥等）
港口连续输送机械	带式输送机；链式输送机；斗式提升机；气力输送机；螺旋输送机等
装卸搬运机械	叉式装卸车；单斗车；牵引车；平板车；搬运车等
专用机械	装船机（装煤机，装矿机，件货装船机等）；卸船机（门座抓斗卸船机，桥式抓斗卸船机，链斗、斗轮、气力、螺旋卸船机，件货卸船机等）；舱内机械（带式抛料机，刮抛机，推耙机，小型单斗车等）；装卸车机械（链斗、斗轮、圆盘、蟹耙等装车机，螺旋、链斗卸车机、翻车机等卸车机）；库场机械（散货堆料的堆煤机、堆矿机，散货取料的斗轮取料机、螺旋喂料机和兼作堆取料的斗轮堆取料机，件货码、拆垛的码垛机，如小型叉车或由输送机构成的自动码垛机等）；集装箱机械（岸边集装箱起重机，集装箱龙门起重机，集装箱跨运车，集装箱叉车，集装箱牵引车和挂车等）；石油码头专用机械（输油臂）

(4)游艇产业

游艇业具有较长的产业链,包括"游艇制作—销售—俱乐部休闲旅游—维护保养",环环相扣,游艇配套设施作为产业链的下游,其完善程度直接影响着游艇消费市场和整个产业链。游艇产业结构可以分为:游艇设计、游艇制造业、游艇消费服务业和相关产业四个范畴,如图 5-20 所示。

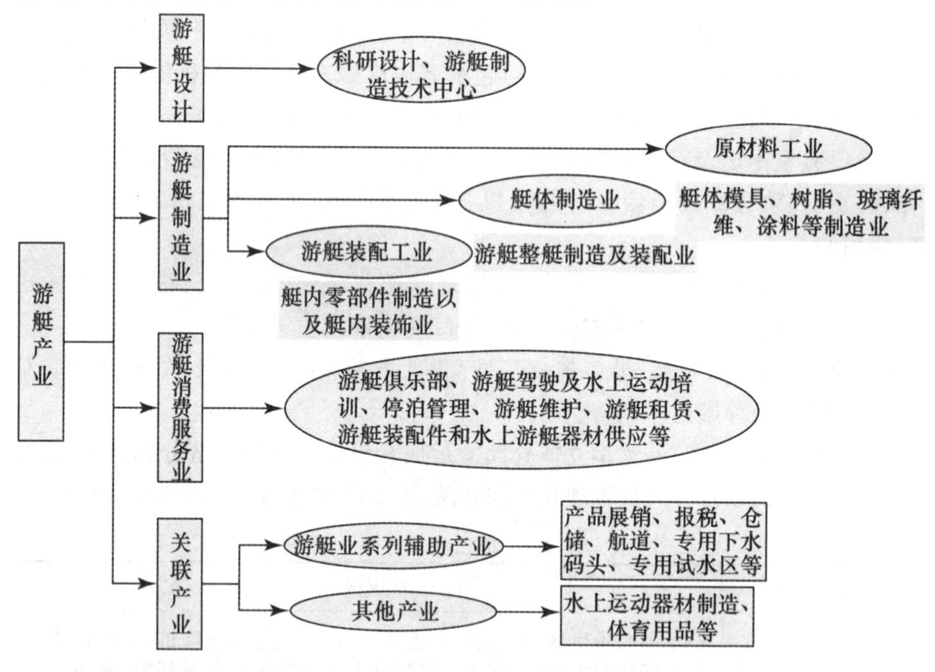

图 5-20 游艇产业结构

游艇制造的系统结构如图 5-21 所示。

发展高附加值的游艇。北仑发展游艇经济必须着眼于国际竞争力的提高,通过加强自主创新、集成创新,发展附加值高的游艇制造业。根据国际经验,游艇业很难像汽车产业那样形成规模效益,游艇产业利润的取得主要来自具有技术和品牌优势的一些高附加值游艇产品,而非依靠规模。因此,高技术、高附加值的游艇产业道路应该是中国游艇制造业的努力方向。

提升游艇娱乐服务业水平。游艇的消费娱乐是游艇价值链的重要环节,是提高游艇产业附加值空间最大的部分,是提高效益、形成聚集、提升产业链的着力点,对提升游艇产业的竞争力至关重要。游艇消费服务业主要包括:游艇驾驶及水上运动培训、游艇停泊管理、游艇维护、游艇租赁、游艇配件供应和水上运动器材供应等。北仑游艇消费产业的发展将有利于打造南城高端居住和商务中心。

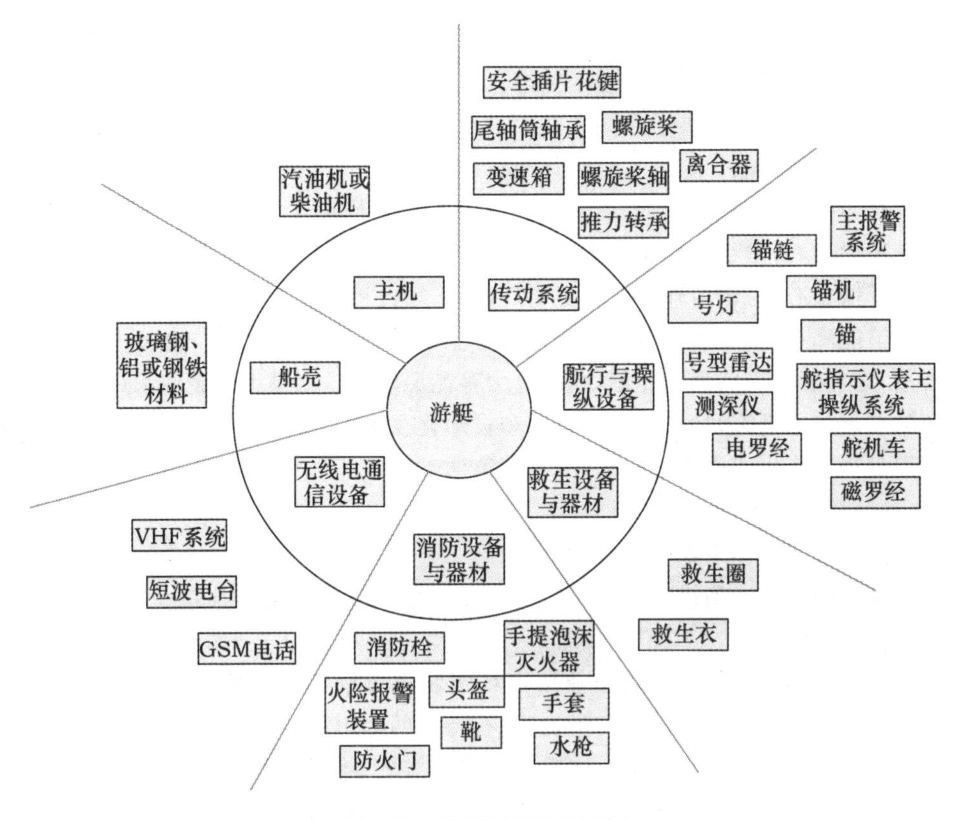

图 5-21　游艇制造系统结构

(5)模具产业

完善模具行业产业链。充分发挥模具设计制造的区域优势，引导模具工业向上下游拓展。鼓励优势企业与国内外材料厂商合作，加大优质模具材料、电镀及热处理工艺研究力度，提高模具基础材料和加工能力，引导企业向下游塑料件、压铸件等产品领域拓展。加大与钢铁、汽车等产业合作力度，实现跨产业联动，延伸模具产业链。

优化调整模具产品结构。加强镁合金压铸工艺、压铸模具、熔炼设备等方面研发力度，提升镁铝合金模具产品的生产水平，提高高附加值产品比重。鼓励模具企业与本地保险箱、汽车、电子信息等产业全面对接，积极发展为汽车和家电配套的大型精密、长寿命的压铸模具和注塑模，为电子信息业配套的精密塑料模，为机械、文具、包装配套的多层、多腔、多材质、多色精密注塑模等产品。

增强技术研发和创新能力。一是重点突破模具精密测量和可靠性、镁合金压铸成型工艺方法、材料热处理等关键技术。二是鼓励企业建立技术(工程)中心，提高企业研发水平。力争到 2015 年，新增 1 个国家级技术(工程)中心、2 个省级技术(工程)中心和5个市级技术(工程)中心。三是鼓励企业跨地区结成技术联盟,加强科研合作,实现技术共享。

积极构建行业公共平台。一是引导企业建立高新技术设备服务中心,促进模具工业更快发展。二是建立模具质量检测服务中心,按用户验收技术条件、系统标准为模具企业提供产品试验与检测服务。三是建立1～2个模具行业公共铝压铸中心,为中小模具企业提供高精度铝压铸件生产与加工服务。四是建立公共模锻中心,为区内外企业加工生产汽车、家电等产业所需的锻件产品。

节能降耗,实施清洁生产。一是引导企业积极对工艺技术与设备进行技术改造,充分利用天然气等能源,减少电力等能源消耗。二是引导企业采用现有成熟的节能技术措施,如采用变频技术和自动化技术。三是建立废水处理系统,对压铸过程中产生的废水进行处理,实现清洁生产。

(6)注塑机产业

注塑机产业体系如图5-22所示。

发展中高档注塑机。北仑注塑机行业要重点发展中高档注塑机产品,提高产品档次及附加值。

发展专用注塑机。鼓励企业按市场定制进行设计和制造产品,为汽车、手机、文具等产业提供高技术、高附加值、有特性的专用注塑机。

大力发展智能化注塑机。加强单元自动控制、参数闭环控制、PC开放式和模块化控制等电子与计算机技术在注塑机上的应用,通过智能化实现注塑机高效、精确、节能的目标。

加快产品升级,发展中高档注塑机。加强精密注塑机,电动注塑机,以及高效、高速、节能、环保注塑机的产品研发;加强注塑机行业标准的制定和生产标准化的进程。鼓励企业按市场定制进行设计和制造产品,为汽车、手机、文具等产业提供高技术、高附加值、有特性的专用注塑机。加强单元自动控制、参数闭环控制、PC开放式和模块化控制等电子与计算机技术在注塑机上的应用,通过智能化实现注塑机高效、精确、节能的目标。

首先,就技术角度而言,需要加强精密注塑机,电动注塑机,以及高效、高速、节能、环保注塑机的开发和生产;加强注塑机行业标准的制定和生产标准化的进程。

其次,就区域产业发展和合作角度而言,引进外资的时候,应该加强关于外资企业对当地产业带动能力的预估和评价,加强外资企业和本地民营企业的产业内部联动。

再次,就产业间合作角度而言,为进一步提升注塑机产品和服务输出,可以加强注塑机企业和模具企业的技术合作,充分发挥北仑区已有的注塑机行业和

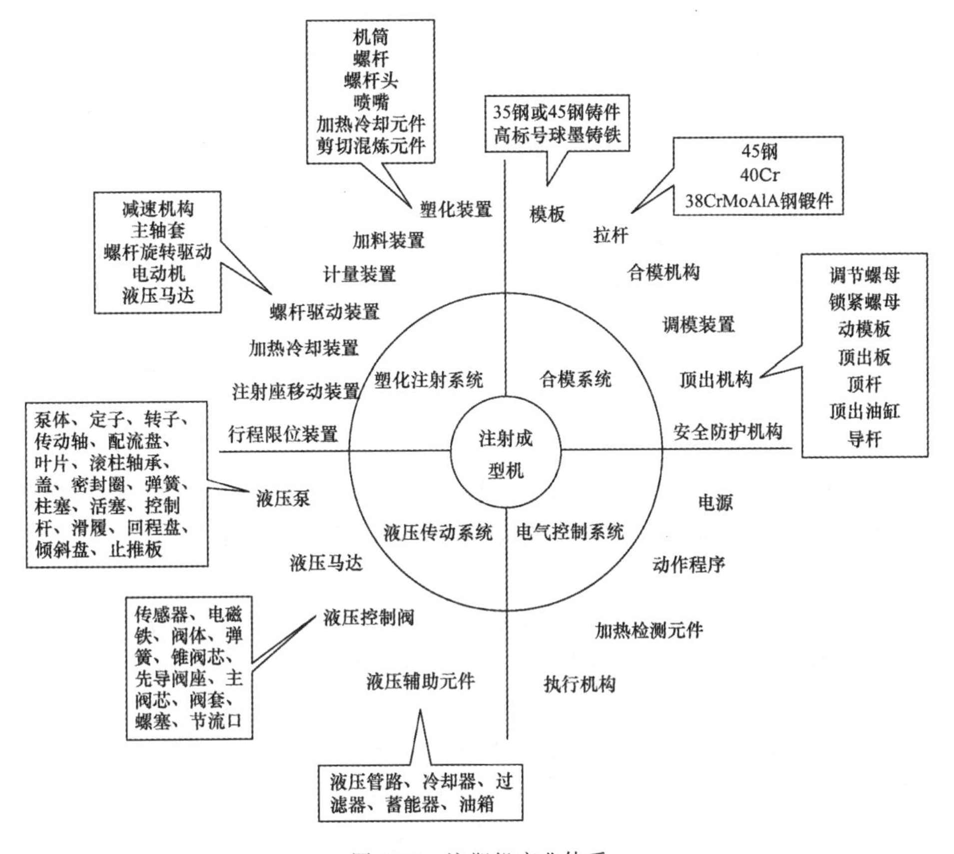

图 5-22 注塑机产业体系

模具行业的产业基础和优势,加强产业间联动,通过产品和技术打包,提高北仑作为塑料工业上游产品供应基地的竞争力和集群优势。

(7)数控机床

数控机床的发展方向是高精、高速、复合化、直线电机、并联机床、五轴联动、智能化、网络化、环保化。数控机床工业将重点发展加工中心和数控车床两大品种。加工中心方面,依托海天精工,在对现有龙门加工中心及卧式加工中心完善、升级的基础上,进一步开发具有复合、大型、高速、高精特点的高档加工中心新产品,在刀库及机械手、滚珠丝杠副、导轨副、主轴及其伺服单元等核心技术方面加大研发投入,逐渐减少对进口部件的依赖。数控车床方面,依托耀发、海顺对现有经济型数控车床全面转型升级,开发具有全功能的中高档数控车床新产品,对全功能数控刀架及数控动力刀架等关键部件加大研发投入。

实现产能稳定放大。到 2015 年,数控机床产量与“十一五”末相比实现产能倍增,工业产值达到 50 亿元,行业龙头企业和重点企业技术研发及技改经费投入实现翻番，超过 2 亿元。

具备自主开发能力。到 2015 年，力争五年累计专利授权量超过 30 件，中国名牌产品和驰名商标总数实现零突破，总体技术水平国内领先，与国际先进水平差距缩小。拥有较为完整的功能部件研发和配套生产能力，基本掌握中高档数控机床生产中的数控系统、主轴和导轨等关键功能部件的核心技术及批量制造技术。

加强技术中心建设。支持重点企业建立具有较强开发能力的技术中心，形成以企业为主体、产学研相结合的技术创新体系，研究开发出若干具有原创性的技术和产品，形成这一领域内自主创新的突破，新增主持或参与制定国际、国家和行业标准 2 项以上。

形成数控机床集群。以骨干企业为基础，大力开发数控机床主机和数控刀具、主轴等关键零部件，提高北仑数控机床工业的整体水平，到 2015 年，初步形成北仑数控机床集群，形成在国内具有竞争力的数控机床基地。

(8)电缆

依托现有骨干企业的生产能力，进一步加大技术研发投入，优化产品结构，提升产能水平，拓展市场份额，逐步形成集研究开发、生产制造、技术支持和市场服务为一体的产业格局。

加大科技研发投入水平。坚持财政扶持与企业投入相结合，优先保障骨干企业和优势产品获得国家和省市专项补贴资金，优化产业发展政策和财政资金导向，力争到“十二五”末，区本级财政科技研发在电缆工业的支出比重达到 30%。

鼓励企业优化产品结构。稳步缩减市场竞争激烈的同质性产品比重，扩大高技术、高附加值、竞争力强产品的开发力度和结构比重，加快 220kV 及以下光电复合海底电缆、海底交联电缆及生产装备的研发，带动高分子、绝缘材料、交联电缆软接头、电缆高压附件、电缆高新材料等相关产品的发展。

着力推进重大项目实施。建成球冠橡套电缆、东方电缆 220KV 光电复合海底电缆及 500KV 海底电缆项目，推进东方电缆智能电网用光纤复合电缆产业化技改、220KV 以下单芯交联海底电缆及多芯交联光电复合海底电缆产业化技改、海缆检测中心等重大项目，提升电线电缆龙头企业的技术水平和产能规模。

拓展提升企业市场份额。加大财政补贴力度，鼓励企业积极参加国内外各类展会，增强优势产品市场竞争能力。在稳定现有产品市场基础上，引导企业立足主导产品，拓展关联产品开发，重视细分市场以实现差异化竞争。进一步扩大海底电缆产能产量，在国内市场提升进口替代比重的同时，鼓励企业稳健开发国际市场。

5.4　提升发展钢铁、电力等五大产业

北仑依托地缘和港口优势在过去十年发展起了农副食品加工业,纺织业和纺织服装、鞋、帽加工业(简称纺织服装业),造纸及纸制品业,黑色金属冶炼及压延加工业,电力、热力的生产及供应业。从产业整体规模发展看,除钢铁行业在“十一五”期间得到了较大发展外,其他行业的发展较为平稳,尤其纺织行业在刚刚过去的经济危机中表现强劲,不降反升,体现了北仑纺织行业存在很强的内在竞争优势。这五个行业都具有龙头企业,产业集中度都很高,在产业单体规模上除钢铁行业外,其余四个行业都具有较强的规模优势(见图5-23)。

在“十二五”期间,综合考虑产业发展周期、竞争优势、对资源环境的依赖程度,预计这五个行业存在跃迁发展的机会不大。换句话说,这五个行业在近期内很难再有量上的跃迁发展,需要注重质的提升。当然,远期存在钢铁行业跃迁发展的变数。

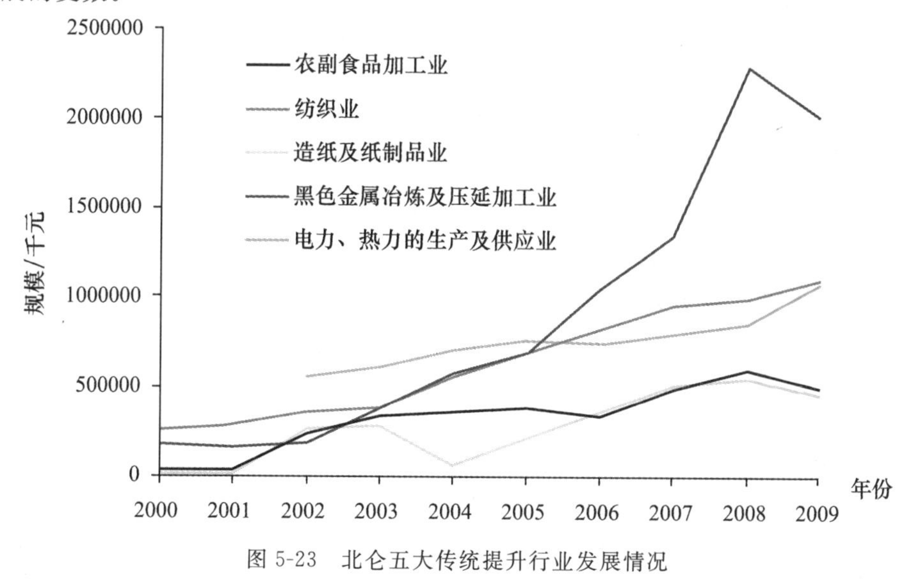

图5-23　北仑五大传统提升行业发展情况

5.4.1　钢铁行业

1. 发展现状

钢铁工业的原料主要是铁矿石和废钢,由此形成了生产钢铁的两个主要工

艺流程：以铁矿石为主的高炉—转炉流程；以废钢为主的电炉流程。目前，高炉—转炉流程是我国钢铁生产流程的主要方式，其典型工艺流程如图 5-19 所示。

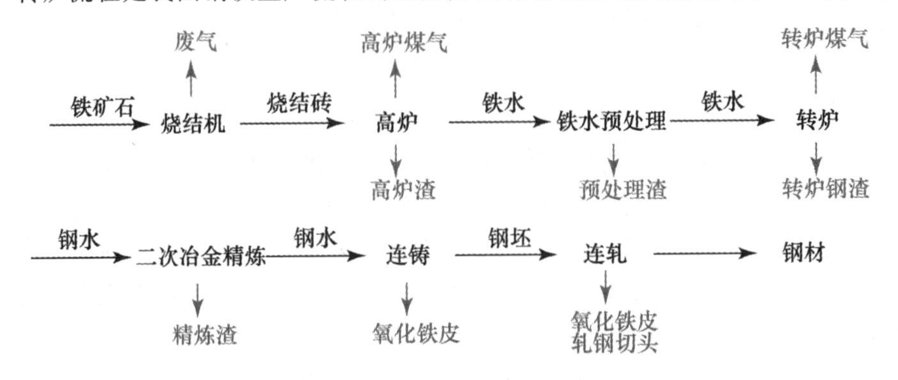

图 5-24　高炉—转炉钢铁生产主流程

北仑钢铁产业是不锈钢加工业和粗钢冶炼共同构成的钢铁产业，主要生产企业有 8 家，包括宁波钢铁、宝新不锈钢、华光不锈钢、腾龙不锈钢、兴发特种钢厂、海龙钢管厂和冷拔无缝钢管厂等。在钢铁行业，形成了以宝新不锈钢、宁波钢铁、华光不锈钢等项目为主体的“铁矿石、废铁冶炼—普通钢板—特种钢板—金属制品—废钢回收”钢铁产业链。

宁波宝新不锈钢有限公司是国内第一个拥有现代化技术装备的不锈钢冷轧基地，由宝山钢铁股份有限公司、浙甬钢铁投资(宁波)有限公司和日本国日新制钢株式会社、三井物产株式会社、阪和兴业株式会社联合出资，于 1996 年 3 月合资组建的冷轧不锈钢生产企业。目前该公司经过四期建设，投资总额已达到 70 多亿元人民币，现已形成每年 60 万吨冷轧不锈钢板材的生产能力。宁波钢铁公司是北仑一家完整钢铁生产工序流程的大型现代化钢铁联合企业，目前共建有两条生产线，设计产能为 400 万吨。2008 年，宁波钢铁公司共生产各类钢材约 330 万吨，达到迄今为止的最高产量。2010 年下半年，因节能减排形势需要，宁钢停产了一条生产线，对钢铁行业的发展有较大影响。宁波华光不锈钢公司是国内大型民营股份制企业，成立于 2002 年 12 月，2004 年 8 月投入试生产，已建成现代化全流程冶炼—连铸—热轧—精整不锈钢板卷生产线，主要产品是铬镍系列轧钢不锈钢带卷，设计能力为年产量 25 万吨。

作为钢铁联合企业，宁波钢铁采取了大量的清洁生产和循环经济举措，形成如图 5-25 所示的循环经济生产体系。宁钢加强了铁元素的循环利用，根据固废的具体成分不同对其进行了不同的回收利用，如焦化产生的各种固废全部不落地配入炼焦煤中回收；除尘灰及含铁尘泥(含铁量较高)返回烧结机再循环；矿渣、钢渣、粉煤灰可密封运往水泥场用于制作渣铁、建材、水泥等；废油、含铬污泥

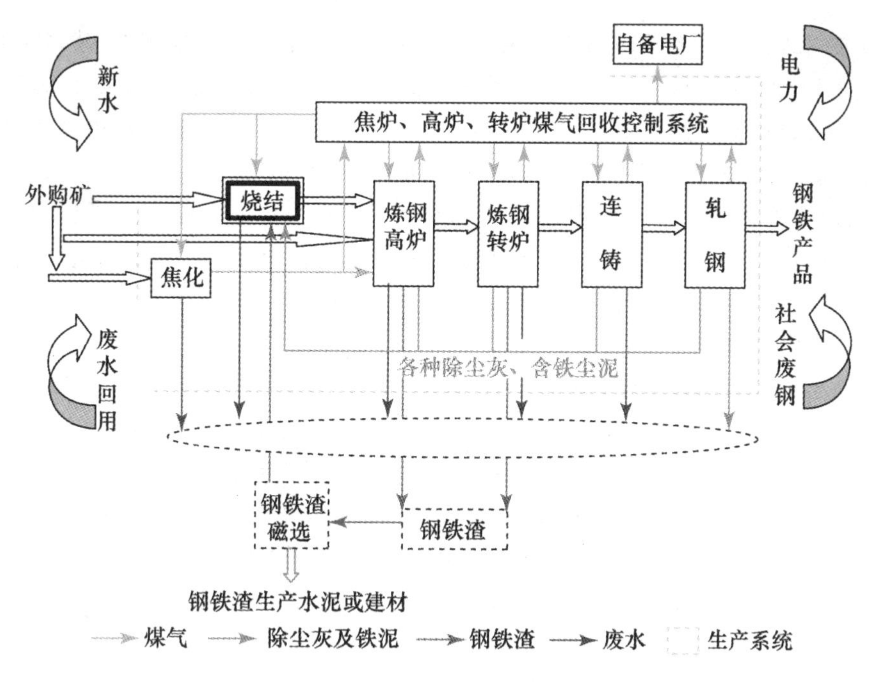

图 5-25 宁波钢铁循环经济

收集后,再外运至北仑工业固废处置站进行集中处理。

2. 产业定位

把握钢铁产业布局沿海化、企业规模化、品种高端化的发展趋势,结合周边钢铁市场需求变化,充分发挥北仑港作为国内规模最大进口铁矿石中转基地,以及宝钢竞争力国内领先的优势,依托宁波钢铁、宝新不锈钢、华光不锈钢等骨干企业,做大、做强、做精临港钢铁产业,建设国内钢铁行业产品竞争能力领先的临港钢铁和不锈钢基地。

3. 发展重点

扩大区域钢铁产能水平。"十二五"期间,在现有 400 万吨产能基础上,重点实施宁钢扩建 600 万吨钢铁项目及配套工程、宝新不锈钢光亮线和平整机改扩建项目、华光不锈钢精密不锈钢压延及制品项目和永正精密箔材冷轧生产线改扩建项目等 4 个钢铁项目。力争在"十二五"末形成年产 600 万～800 万吨普碳钢和 80 万吨不锈钢的能力。远期在钢铁冶炼技术和环境污染控制技术获得突破进展的前提下可以考虑上马更大规模的钢铁产业。

推进产业链纵深发展。往下游纵向延伸钢铁产业链,以下游需求为导向横向推进产品的多元化，加大钢铁工业与汽车工业、模具工业、船舶工业、建材工业和装备工业的配套联系力度。逐步优化产品结构，加大船用板、车用板、线材、管材等产品的开发力度，重点发展高速铁路用钢、高强度轿车用钢、高档电力用钢、家电钢板、工模具钢等下游高附加值碳钢板材。不锈钢产品探索应用于家用电器、机械装备、汽车配件、电子元件、建筑装潢的下游高档不锈钢产品，以及高档不锈钢焊管等高附加值产品。推动北仑钢铁产业与以浙江为重点的周边区域船舶、汽车、装备等产业实现联动发展，着力打造立足北仑、辐射全省、服务长三角的全国优质钢材生产基地。

创建循环型钢铁企业。鼓励企业采用大型化、连续式、高精度、低损耗冶炼、轧制设备，应用新一代可循环钢铁流程工艺，建立现代化生产线，提高行业整体技术装备水平，实现工艺布局向连续、紧凑、短流程、智能化方向发展。加快环保技术的研发和应用。继续推行高炉精料方针，提高高炉喷煤比；推广应用铁水三脱预处理工艺，提高钢水和转炉作业效率；积极采用干熄焦、高炉余压发电、高效连铸、蓄热式加热炉等节能技术，同时积极跟踪开发钢渣中 f-CaO 的预处理、利用转炉渣和粉尘进行铁水预处理、转炉钢渣熔体碳脱磷技术等国际冶金前沿技术。强化生产过程的全流程清洁生产，进一步降低各类废气的排放水平和能耗水平，争取吨钢综合能耗、二氧化硫排放量达到国际先进水平，二次能源基本实现 100％回收利用，冶金渣近 100％综合利用，污染物排放浓度和排放总量双达标。

建设钢铁物资配送基地。发挥临港钢铁基地和港口的优势，促进钢铁生产性服务业发展，以钢铁原料、废钢、钢材剪切仓储配送为重点，建设虚拟与实体相结合的区域钢铁交易平台和钢铁物流园区，继续做大钢材流通市场，培育发展铁矿石、炉料、煤炭等物流业，发展成为国内有重要影响的钢铁资源及产品销售配送基地。

4. 产业共生

钢铁行业的生态产业优势主要体现在铁元素循环利用、能源梯级利用，废水、废气及固废的循环利用等方面。钢铁行业除了产生大量的固废外，还有大量的废气产生，这些废气主要产生在焦化、高炉炼铁和转炉炼钢环节，除了可以利用废气余热外，净化煤气进入化工行业利用也是一个可考虑的方向，其钢铁行业可能进一步完善的情况如图 5-26 所示。

对比图 5-25 可以看出，宁波钢铁在以铁素资源为核心的生产上下工序之间的小循环、各生产单元之间的物质和能量中循环等环节可以说是做得非常成功的，但在与社会之间的物质和能量大循环这一个环节主要成就还在于废铁的回

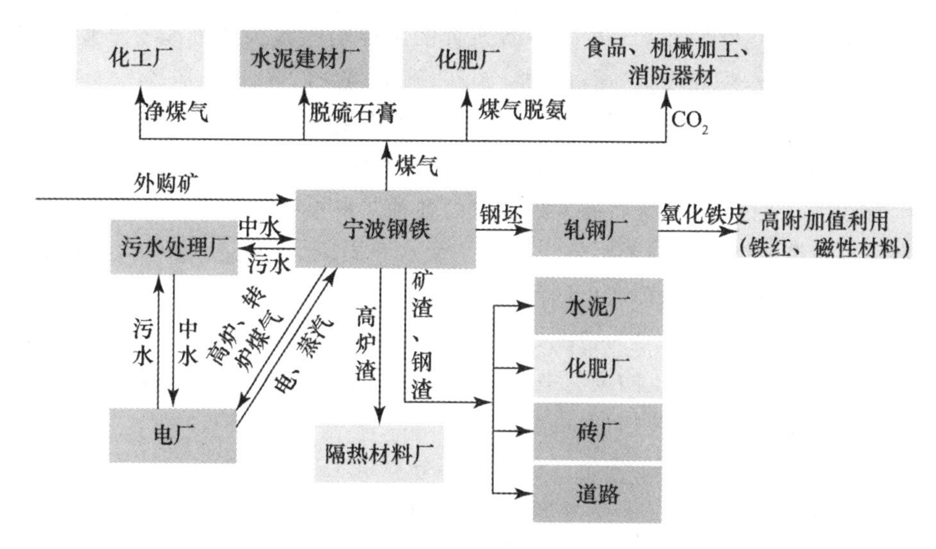

图 5-26 以宁波钢铁为核心企业的工业共生关系

收利用,但钢铁生成这个过程本身产生的固废和废气中还有一定的元素是有进一步利用空间的,如固废用以生产硅肥、钢渣肥料、酸性土壤改良剂等;废气经过煤气柜通过裂化重整得到还原气,通过部分氧化得到甲醇,通过氢回收装置得到氢气等。

随着钢铁规模的增大和企业间的合作,钢铁与化工行业间的共生空间有希望进一步成长。在钢铁与化工行业之间,形成“钢铁—污泥—稀有金属—化工”的循环;在电力行业与建材行业之间,形成“电厂—粉煤灰—水泥”、“垃圾—垃圾发电—炉底渣—新型墙材”、“污水处理厂—污泥—热电厂循环硫化床焚烧—发电”的循环。

5.4.2 造纸及纸制品业

1. 发展现状

造纸工业的主要原料有木材、竹片、棉花、稻草、麦秆以及废纸等各种植物纤维。纸产品的生产和生命周期主要包括农林、制浆、造纸、消费和纸回收等阶段,传统造纸产业链可分为原始投入、制浆造纸、消费回收三个部分。

北仑区规模以上造纸及纸制品业共有 17 家,2008 年总产值达 544916.6 万元,其中,宁波亚洲浆纸纸业有限公司及其子公司 2008 年总产值达 494056.9 万元,占到了规模以上造纸及纸制品业总产值的 90%以上。

亚洲浆纸作为北仑区规模最大的造纸企业,其主要生产车间包括备浆处、造纸处、化工处、热电厂和水环处等。备浆处的主要功能是为造纸准备纸浆，其造纸原料为成品木浆和废纸，通过碎浆、疏解、筛选、漂白、热分散、脱墨等工序制成造纸所需纸浆。企业绝大部分废水都由备浆处产生，废水送水环处处理，产生的固废分废渣和废浆渣，废浆渣的主要成分为可燃性渣，送焚烧厂处理。

造纸处的主要功能是将备浆处制成的各种浆料根据工艺要求混配成各层所需浆，再抄造成纸。其主要污染物仍然是废水和固废，废水送水环处处理，所产生的固废主要为白水处理产生的污泥。

化工处的主要功能是为造纸处准备生产所需的填料、涂料、胶料等。产生的废水送水环处处理，产生的废气中有碳酸钙加工过程中的粉尘，通过布袋除尘处理，固废主要为原料包装物，由供货商回收。

热电厂的主要功能是为生产造纸各部分提供生产所需的电、蒸汽。产生的废水送水环处处理，废气主要为 SO_2、NO_x 和烟气，通过静电除尘器和石灰石脱硫系统处理，固废主要为灰渣和烟尘，灰渣出售给有资质单位处理（如水泥厂等）。

水环处的主要功能则是为生产车间提供清水和处理生产所需废水，主要产生固废污染物——污泥，送电厂锅炉焚烧。

2. 产业定位

围绕市场需求，依托亚洲浆纸业已形成的 100 万吨产能，向多元化产品领域延伸，建成亚洲浆纸年产 25 万吨特殊用纸和生活用纸项目，加快推进白板纸四期项目，巩固全国最大白纸板生产基地的优势地位。

3. 发展重点

进一步优化造纸原料结构，扩大废纸回收利用、合理利用非木浆，形成以木纤维、废纸为主，非木纤维为辅的造纸原料结构，强化基础原材料供应保障水平，尤其要建立北仑本地的区域废纸循环体系。建立完善北仑区生活垃圾分类回收体系，加强废纸的回收率和环境管理，利用亚洲浆纸的废纸制浆环节进行废纸再生循环。

以现有造纸产业为基础，延伸拉长产业链，稳步发展造纸助剂、彩印包装、再生纸生产等一批上下游的新项目，进一步调整提升造纸行业产品结构，重点发展高档涂布白纸板、高档涂布纸、白卡纸和高强度瓦楞原纸产品，尤其利用北仑造纸和塑料产业并存的地缘优势，积极发展包装产业体系。

改进造纸制装备，鼓励应用高水平、低消耗、少污染的造纸及纸制品业技术，加大造纸企业废水、废浆、污泥和煤灰综合利用的力度，将造纸行业的循环经济向更高层次提升。

建立造纸产业共生体系。造纸废水中的短纤维及木质素可通过提纯作为肥料厂的原料生产复合肥;废水中的碳酸钙可回收利用于水泥煅烧或建材;污水处理厂处理完的水可提供给热电厂和钢铁厂等对于水质要求较低的企业;造纸厂产生的可燃性浆渣可送至电厂或水泥厂等处理。

4. 产业共生

亚洲浆纸就企业内部来说,拥有水环处及自备热电厂等,企业结构较为完备,就三废处理来说也较为完善,但就工业生态学角度来说,对比典型造纸产业共生情况及其他做得相对较好的纸业共生园区,北仑区纸业产业网络还有进一步完善空间,如图 5-27 所示。

首先是原料环节。亚洲浆纸目前的原料主要为成品木浆及废纸,因此其制浆环节只有废纸制浆,在前端环节上没有原生制浆和最前端的商业林环节。北仑区土地资源较紧张,因此不适宜大片种植速生林以提供造纸原料,但作为一个大型的纸业集团,在其他地区开展一些造林工程还是必要的,一方面可将其作为储备原料,另一方面则可能降低其原料成本。如日本很多纸业公司很早便开始涉及海外造林工程,如澳大利亚、南美等,其人工林规模相当客观。依托于北仑区的港口优势,亚洲浆纸或可以在国外进行一定的造林工程,或可在国内可行区域进行造林工程,这既是对公司可持续发展的一个考虑,一定程度上又可以尽到企业的社会责任。

其次是造纸过程废物利用环节。北仑区的三废大多以达标排放为终点处理排放了,造成了一定程度的资源浪费,如水环处处理的水一部分送回清水处理站处理后再利用,但大部分却通过排污管道排至金塘海峡。备浆处产生的废水中还有大量的短纤维及木质素等,可通过提纯作为肥料厂的原料生产复合肥,其生产出来的复合肥可作为造林基地的肥料,也可作为商品出售;化工处产生的废水中还有不少碳酸钙,直接排放造成了原料浪费,这部分碳酸钙可回收利用;目前亚洲浆纸污水处理厂处理完的水大部分排至金塘海峡,加以合理安排可将这部分水提供给对于水质要求较低的企业使用,如钢铁厂等;另外,造纸厂产生的可燃性浆渣可送至电厂或水泥厂等处理。

最后是废纸回收环节。废纸回收不仅可以减少纸业资源消耗,还可以大大降低造纸成本,德国的废纸回收率高达 70%,日本的废纸回收率高达 60%,而我国国内的废纸回收率还不到 30%。这些废纸回收率较高的国家,纸的原料即为纸,其发展趋势即为以废纸为原料,加以少量木材投入作为补充,纸业内部达到一个稳定状态。虽然仅北仑区的废纸回收难以满足亚洲浆纸的废纸需求,但北仓区仍可以进一步完善其废纸回收系统，减少资源的浪费。

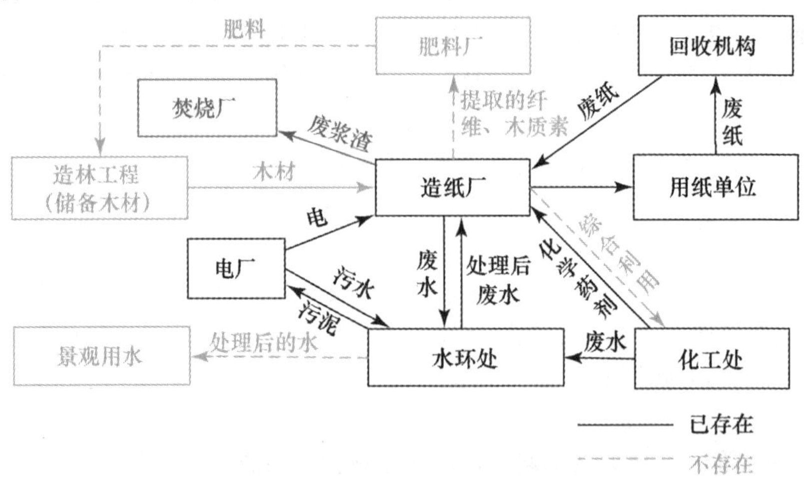

图 5-27 北仑区以亚洲浆纸为核心的工业共生关系

5.4.3 能源行业

1. 产业现状

北仑区目前的能源供应主要来源为电力，并且主要是火力发电。火力发电厂的生产过程主要涉及三大系统——燃烧系统、汽水系统及电力系统。因此火力发电厂由三大主要设备——锅炉、蒸汽机、发电机及相应辅助设备组成，它们通过管道或线路相连构成生产系统，即燃烧系统、汽水系统和电力系统，其生产流程如图 5-28 所示。

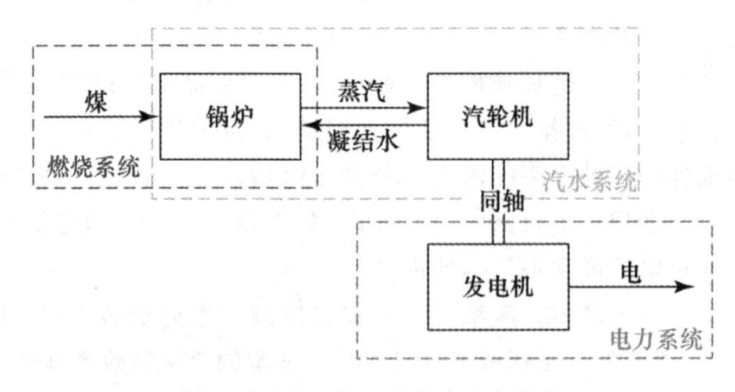

图 5-28 火力发电厂基本生产流程

2. 产业定位

在稳定火力发电规模的同时,积极鼓励探索发展可再生能源和清洁能源,重点引进风力发电、LNG冷能发电项目等新能源产业项目,培育形成以火力发电为主体,风电、天然气发电为补充的能源产业体系,提高新能源产值在能源产业产值中的比重。同时,在产业端,大力促进光伏太阳能产业发展,加速发展风电设备、核电设备和能源转换设备等成套装备,培育发展新能源电池产业。积极开展梅山岛保税区可再生能源岛计划。

3. 发展重点

支持北仑电厂扩建工程和持续清洁生产。将北仑发电厂建设成为高参数、大容量、高效率、生态环保型火电企业。持续开展电厂清洁生产审核工作。在前期脱硫除尘除灰的良好工作基础上,在"十二五"期间率先开展脱硝和脱碳工作,在全国树立典范。

大力发展LNG清洁能源项目。争取LNG项目尽快全面建成投产,"十二五"期间建成300万吨/年生产规模,启动建设600万吨/年生产项目,谋划1000万吨/年项目规模。建设终端加气网点,全面推进公交、集卡、出租车领域清洁能源的使用。加快LNG接收站工程建设,推进LNG接收站及天然气储备基地进程。

新能源开发利用工程,着重发展近海风电,重点实施国电电力穿山半岛风电项目。尽快启动梅山岛保税区可再生能源岛计划。在梅山岛建立LNG、风电、光伏、生物质等多种可再生能源供应体系,力争做到能量自给和碳中和,树立可再生能源岛建设典范。

建立产业共生体系。依托北仑电厂等热电企业,实施集中供热工程,扩大北仑电厂的集中供热管网覆盖面和供热能力,形成"电厂—粉煤灰、脱硫石膏—水泥、新型墙材"的产业循环链。通过北仑电厂煤燃烧产生蒸汽提供给工业用户,同时通过汽轮机发电,直接接入电网。利用热电厂消耗来自钢铁、纺织、石化、食品等行业的可燃烧固废,及石化行业的有机废气,用于发电。利用海螺水泥公司处理固废和脱硫石膏。

4. 产业共生

北仑电厂的主导产品是热力与电力,通过煤燃烧产生蒸汽提供给工业用户,如纺织、化工、食品等,同时通过汽轮机发电,直接接入电网,以北仑电厂为核心的产业共生如图5-29所示。

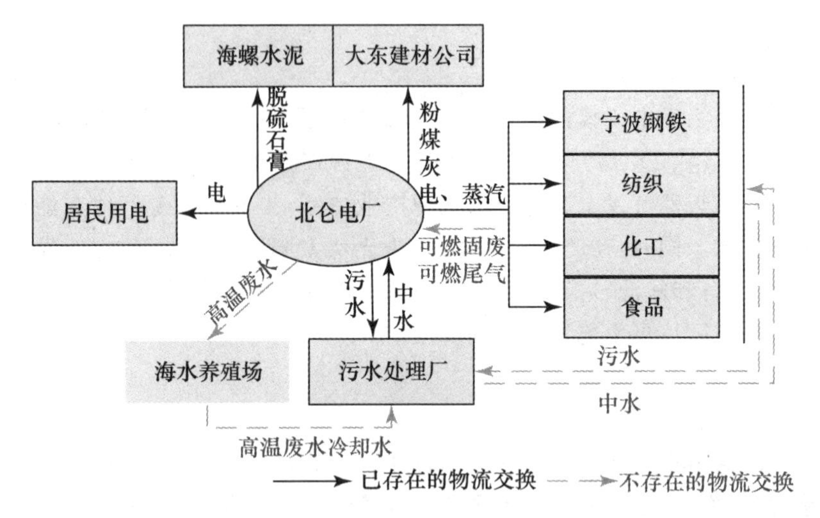

图 5-29　宁波北仑电厂热电联产示意

北仑电厂承担着宁波市经济开发区和宁波保税区的工业生产供热，包括纺织、化工、食品、宁波钢铁等近 80 家企业，其中，申洲集团、宁波麦芽有限公司、金光粮油和宁波钢铁用热占到了北仑对外供热总量的 90%以上。

北仑电厂其三废主要产生在锅炉工段，其废水主要为锅炉连续排污废水，排放量约为 6000 吨/年。这部分废水为高温高压废水，目前处理方式是经热回收后直接排放至厂内污水管道后进入市政污水管网。但借鉴于挪威石油的成功经验，依托于北仑区的临港优势，这部分高温废水可经海水养殖场热量利用后再排入污水处理厂，其热量利用效率远远高于电厂自身的热回收。

北仑电厂的废气为原煤燃烧后产生的烟气，内有飞灰、SO_2、NO_x、CO_2 等，飞灰通过电除尘器除尘处理，处理效率达 90%以上；同时企业对原煤含硫量及灰分进行控制，尽量使用含硫率低、灰分低的原煤，以减少烟尘和 SO_2 的产生量；北仑电厂采取在锅炉加石灰石的方法进行脱硫处理，钙硫比控制在 2∶1 左右，脱硫效率达 80%以上，其脱硫石膏出售给海螺水泥有限公司；在燃烧方式上采用低温燃烧方式以减少 NO_x 的产生量。

北仑电厂的主要固废为锅炉原料燃烧后产生的煤渣及烟气经电除尘器收集到的飞灰，统称为粉煤灰，交宁波保税区大东建材开发有限公司处理。

另外，由于热电厂自身就能够消耗很多废物，因此北仑电厂完全有能力吸收其他行业，如钢铁、纺织、石化、食品等行业产生的可燃烧固废，及石化行业的有机废气，使用其燃烧发电，并同时处理这些固废、废气产生的 SO_2，得到脱硫石膏，送海螺水泥有限公司。

5.4.4　纺织服装产业

纺织服装行业既是北仑的传统优势产业，又是典型的劳动密集型产业。自1985年建区至今，纺织服装簇类产业在北仑产业中的比重大致经历了先升后降的过程，2002年至今基本保持在10%左右。目前已形成从上游的化纤纤维生产到中游的纺织面料制造加工再到下游纺织品和服装制造的产业集群。全区共有规模以上纺织服装企业116家，主要产品包括纱、棉布、毛条、印染布、家用纺织品和服装等，2008年产值103.2亿元。

北仑纺织服装产业提升发展必须结合产业发展实际，做好：

(1)加强企业现代化管理，引进先进的技术与装备，直接降低生产成本。

(2)加快培育品牌，推动新面料、纺织机械研发生产，提高产品附加值。

(3)创新流通领域，内销与外销相结合，敢于走出去化解国外贸易壁垒。

(4)适时将劳动密集型的加工制造环节转移到资源禀赋更具优势的地区。

(5)在纵向上延伸产业链，提升成本控制力，横向上有条件地推进多产业发展，提高风险抵抗力。

在生态化方面，加强染整环节的清洁生产和共生体系建设。染整行业是一个技术密集型行业，稳定的产品质量和高水平的产品必须依靠先进的工艺技术和装备来保证。先进适用的印染高新技术不仅可以大大提高产品质量，而且可以通过实施清洁生产技术，解决印染行业的污染问题。染整清洁生产主要从两方面开展：一方面大力推行节水、节能工艺，另一方面则积极开发无水、少水新工艺。在无水、少水的新工艺中，有些已被应用于生产，如生物酶处理技术、涂料印花和染色、喷射印花等；有些则是正在开发的新技术，如超临界流体染色、纺织品等离子体处理、准分子激光处理、紫外光辐射等。这些新技术的开发和利用充分地体现了高新技术对传统染整产业的嫁接和改造，将大大提升染整行业的技术含量，成为未来的清洁生产模式。纺织服装产业的循环共生体系如图5-30所示。

5.4.5　农副产品加工业

北仑农副产品加工业的龙头企业是金光食品(宁波)有限公司，成立于1994年。该公司是金光集团在中国的投资企业，除此之外，金光油籽(宁波)有限公司、宁波金光粮油仓储有限公司、宁波金光粮油码头有限公司也都落户北仑。金光公司在北仑已建成从码头装卸、仓储，到油籽榨取、植物油精炼配套齐全的临港工业体系，建有总容量4.8万吨的储油罐，主要生产包括精炼豆油、精炼菜籽油和精炼棕榈油，副产品为皂角、脂肪酸等，以散装、桶装为主，年精炼达30多万

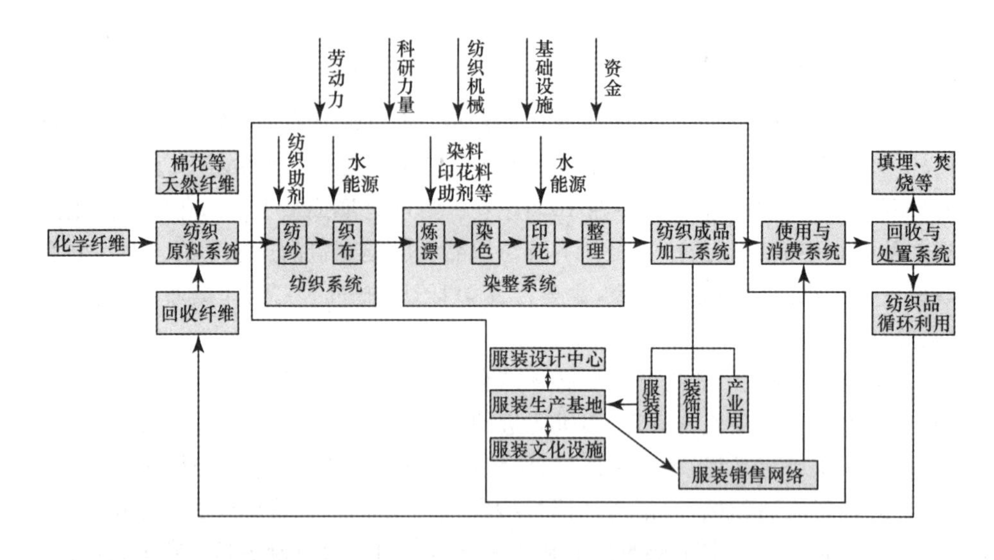

图 5-30　纺织服装产业的产业循环体系示意

吨，北仑已成为中国华东地区重要的植物油精炼基地。

该产业的发展定位是立足现有龙头企业，在产品环节实施多元化和高值化战略，在生产环节加强生产过程的清洁生产，在产业共生环节加强生物质废料的循环利用和废水处理后的再生利用，构建以龙头企业为主体的生物质产业共生循环体系。

5.5　培育发展新能源、新材料等六大战略性新兴产业

国务院 2010 年出台了加快发展七大战略性新兴产业的意见，意在通过新兴产业的发展来调整产业结构，实现国民经济的健康发展和提升国际竞争力（见表 5-8）。北仑应瞄准世界产业最新发展趋势和国家发展要求，积极谋划，重点在新能源、新材料、高端装备制造、海洋高技术和节能环保产业做出突破，培育在“十二五”期间的先导产业以及远期的主导与支柱产业，打造北仑南部沿海高端产业基地。

表 5-8　国家促进发展的七大战略性新兴产业

新兴产业	重点领域
节能环保（支柱产业）	高效节能、先进环保、循环利用

续表

新兴产业	重点领域
新兴信息产业（支柱产业）	下一代通信网络、物联网、三网融合、新型平板显示、高性能集成电路、高端软件
生物产业（支柱产业）	生物医药、生物农业、生物制造
新能源（先导产业）	核能、太阳能、风能、生物质能
新能源汽车（先导产业）	插电式混合动力汽车、纯电动汽车
高端装备制造业（支柱产业）	航空航天、海洋工程装备、高端智能装备
新材料（先导产业）	特种功能材料、高性能复合材料

5.5.1 新能源产业

新能源产业主要包括光伏、风电和生物质能源产业。新能源产业作为一个朝阳产业，相对于传统能源，具有污染小、储量大、可再生的特点，对于解决当今日益严重的气候变化问题、资源枯竭问题和实现能源可持续发展具有重要意义。

1. 光伏产业

光伏产业链包括上游的多晶硅原料、硅锭/硅片生产，中游的太阳能电池制造、组件封装，以及下游的光伏系统应用三大主要环节，如图 5-31 所示。光伏产业价值链是一条微笑曲线，左端是上游环节，包括多晶硅原料和硅锭/硅片生产，附加值最高；右端是下游环节光伏系统应用，附加值最低；中游环节太阳能电池制造以及组件封装环节的附加值位居第二。

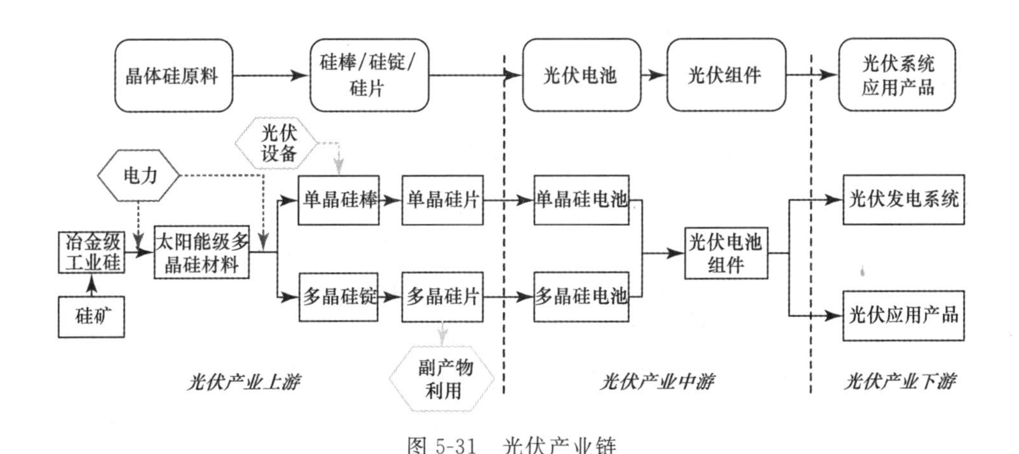

图 5-31 光伏产业链

促进太阳能产业发展。以日地光伏项目为基础，围绕高纯硅提纯—太阳能硅片、电池片—晶体硅光电池—太阳能电池应用的产业链，谋划一批太阳能产业配套项目，做大做强太阳能光伏产业。

2. 风电产业

风电产业链就是以风电产品作为主线，围绕风力发电及其技术条件保障而形成的产业链，如图5-32所示。如果暂不考虑风电产业前后向延伸的可能，目前以大规模并网发电为核心的风电产业链主要由风力发电场、风力发电机整机制造和风力发电机零部件制造等行业所组成。在风电产业链上，风力发电场直接生产风电产品，处在风电产业链的下游，而风力发电机整机制造业和风力发电机零部件制造业则分别处在产业链的中游和上游，风电配套服务体系则处于风电产业的外围。

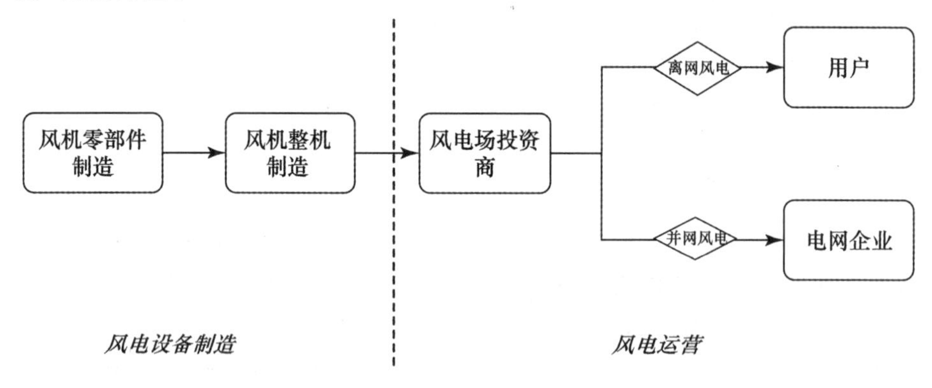

图5-32 风电产业链

风电设备制造业由两种类型的厂商组成：一类生产风电零部件，包括叶片、轮毂、转轴、齿轮箱、支撑轴承、联轴器、机械刹车、发电机、电动机、减速机构、偏航调节系统、扭缆保护装置、传感器、控制器、功率放大器、制动器、电缆、开关装置、变压器、变流器和塔架等。一类生产(组装)风电机组。风电产业是一个附加值高，产业链长，消耗资源较少，也具较大发展前途的新能源。

我国风电机组生产进入高速增长阶段。2009年风电机组生产继续高速增长，内资、合资企业生产风电机组已占主导地位。其中，大连华锐、新疆金风、东方汽轮机三家企业产量达837.4万千瓦，占风电机组产量的78%以上。具有自主知识产权的大连华锐3兆瓦海上机组已投产，湘潭电机直驱式2兆瓦机组已批量生产。1.5兆瓦风电机组是目前的主要机型。

北仑一方面在生产环节大力引进风电成套设备和关键零部件企业；另一方

面,在风电场环节上加快建设风电场,改善风电入网条件,建立有效的风电价格和税收政策,构建完整的"风电零部件制造—风电整机制造—风电场投资建设—风电运营"循环经济产业链。

5.5.2 新材料产业

1. 发展重点

北仑新材料产业初步形成,属于起步阶段。新材料行业的整体规模偏小,投资不够,企业规模小。二是新材料产业聚集度、关联度低,没有形成集群优势。

高分子材料:工程塑料改性技术(以能之光新材料科技有限公司为代表)、复合纤维材料应用技术、高性能分离膜材料及无公害可降解高分子材料等。

磁性材料:高性能 Nd-Fe-B 材料、高性能磁性材料器件、磁性材料在稀土永磁电机中的应用技术、特种稀土材料、特种永磁材料工艺技术等。此外,由于北仑是全国最大的钕铁硼生产基地,建立钕铁硼前道工序工程中心和后加工中心及建设钕铁硼废料回收项目对北仑磁性材料产业的发展具有积极的意义。

石化新材料:炼油、乙烯、发光材料、涂料、膜材料、基本无机化工原料等。

纺织新材料:高强、高模聚乙烯纤维的产业化、纤维用高分子材料的合成、表面处理及共混改性技术及纤维加工工艺(包括熔融纺丝技术和溶液纺丝技术等)。

新能源材料:新能源电池(如镍氢电池、锂离子电池、无汞碱锌锰电池和高性能全密闭铅酸电池节能等)、太阳能光热利用材料(如热管型平板集热器、内置金属流道的玻璃真空集热管、真空管闷晒热水器等)、节能产品(如环保型注塑机、伺服电机的应用等)。

金属新材料:铝镁合金、镁锂合金、钛合金、新型合金钢、新型高强高效焊接材料、特种铜合金材料。

2. 发展建议

结合临港工业发展新材料。北仑新材料产业的发展跟当地临港大工业的发展有密切的关系,应结合实际合理选择重点发展的领域,注重其深度开发和后续加工,提高附加值。

加强对新材料产业发展的服务支撑。通过财政补贴、奖励、税费减免等方式,加大对发展新材料产业所需的重大基础设施、重要配套项目的支持力度。同时完善配套服务,将企业、科研院所、高等院校、检测单位和技术监督局等需求综合起来,成立服务全区的新材料技术创新服务中心,以资源与能力共享为基础,集应用研究、工程技术攻关和产品开发于一体，有力地支持全区新材料的生产和研发。

健全法制环境，保障产业发展。制定新材料开发与应用的地方性政策法规，营造有利于新材料产业发展的法制环境。同时从立法方面鼓励大量采用可再生能源材料和可循环利用材料，推进新材料工业的生态化模式和循环经济；提高资源综合利用水平，促进新材料工业可持续发展。

5.5.3 海洋高技术产业

北仑区海洋生物医药产业刚刚起步，发展方向不明确，还未形成一定的规模；同时缺乏海洋生物医药产业研发队伍，产品和自主创新研发重视不够，开发后劲不足。产业发展对环境产生的压力不大；但医药中间体企业容易对大气产生污染。

1. 发展重点

依托国家海洋局第二海洋研究所、浙江海洋学院以及其他大专院校和科研院所，培养一支具有持续创新能力的海洋生物技术研发队伍，引进和培育一批具有持续开发能力和国内外竞争力的海洋生物技术企业，孵化一批具有市场前景和产业化前景的海洋生物技术创新项目，全面提升北仑区海洋生物技术产业在国内外的竞争力。

海洋药物产业。加强对共轭亚油酸、岩藻聚糖硫酸脂、文蛤多糖等新型海洋药物和脑营养物系列产品开发，为医治肿瘤、肝炎、心脑血管疾病、糖尿病、艾滋病等重大疑难疾病提供新型药物支持；重点研究开发一批具有自主知识产权的海洋药物；努力开发一批技术含量高、市场容量大、经济效益好的海洋中成药。

海洋生物保健品业。加强对抗衰老、增强免疫力的保健型、功能型海洋食品和生态化妆品的开发，满足人民群众生活质量不断提高的需求。

海洋生物化妆品业。进行海洋生物提纯、改性研究；创新活性因子的生产工艺、海洋系列化妆品的配方、系列化妆品的生产工艺；提高系列化妆品的质量标准、系列化妆品的稳定性等。研发并推广海洋生物精华保湿营养乳液、抗皱营养霜、营养精华液、紧肤抗皱营养眼霜、营养洗面乳液等产品。

海水养殖物种优良种苗的培育和保存。主要包括组织培育及细胞工程育苗研究，虾、贝类三倍体育种技术的研究，海洋生物基因工程育种研究；海水养殖动物雌核发育和性别控制研究。重点发展海洋生物细胞工程育种和分子育种技术、细胞和基因工程育种关键技术，以及若干种名贵海洋生物调控和育苗扩繁技术、海藻生物反应器育苗技术、大型海藻组织与细胞培养、海藻遗传学与生物技术和对虾、牡蛎、扇贝、珠母贝等的多倍体诱导培育技术等。另外,开展对虾性控技术、全雌牙鲆种苗培育、名贵石斑鱼性控研究。

海洋生物基因资源的研究与开发。主要包括海洋生物功能基因组研究;芋螺毒素的基因工程和药物研究;对虾病毒的分子生物学研究。

2. 发展建议

营造良好的政策环境,突出加快发展海洋生物医药产业的战略地位。

将发展海洋生物医药产业和产业基地建设列入政府相关的发展计划,并采取有效的具体措施,给予相应的优惠政策和科技经费支持。加强产业基地环境建设,促进海洋生物技术产业发展。

采取专项措施,加强产、学、研紧密结合和科技成果产业化。强化海洋生物医药产业人才队伍建设,加大海洋生物医药项目产业化力度,增加海洋生物医药产业化资金的投入,与科研院所联手,依托科技进步,优化产业结构,提高高新技术产品与成果转化能力,形成产业链条,促进跨越式发展。

建设研发中心、公共技术平台和成果展示及交易平台。建设北仑海洋生物医药产业研发中心,建设海洋生物健康制品与功能生物材料中试实验室,建设海洋生物技术成果展示与交易平台,对外开放,吸引国内外涉海科技人员在该实验室进行中试和技术集成研究,促进实验室成果快速转化和形成产业化。

完善风险投资机制上的创新突破。建立健全有利于海洋生物高医药产业发展的投融资机制,促进海洋高新技术与金融资本的有机结合,特别是要进一步完善加快海洋医药产业化发展的风险投资机制。采取切实措施,努力形成政府投入为引导、企业投入为主体、金融信贷为支撑、充分利用国内外资本市场、广泛吸引社会资金的多元化海洋医药产业发展投融资体系,探索建立海洋科技创业基金、青年科学家创业基金、留学人员创业基金,在更好地解决海洋科技人员创业与发展的资金"瓶颈"问题上实现大的突破。

培育海洋生物育种龙头企业,推进海洋生物育种产业化进程。进行海洋生物育种产业研究,实行产业化经营是实行海洋综合开发的重要途径。培育海洋生物育种产业龙头企业,使其成为海洋生物育种产业发展的投资主体、技术开发主体和市场开发主体,推动产业化进程。

建立海洋生物育种研发平台,推进实验室研究工作。坚持多种经济成分、多种经营渠道、多种经营方式一齐参与,形成投资主体多元化,资金来源多渠道,经营组织多形式的集资机制。对符合条件的育种项目,应采取多种形式与创业投资机构匹配投入。建立担保代偿金和再担保制度,鼓励政府和社会资本设立的担保机构加大对科技型中小企业技术创新活动的支持力度。

5.5.4 电力能源高端装备

近几年来全球电力设备市场保持增长，由于发电机组、轮机等重型电力设备的快速增长，推动了整个电力设备市场的良好发展。2007年全球电力设备行业达到1271亿美元，比2006年增长5.3%。2002—2008年均复合增长率为3.9%。从地区分布来看，由于经济增长带动电力需求持续增长，亚太地区成为推动全球电力设备行业发展的重要力量。亚太新兴市场占据了电力设备的主要市场份额，从2004年起一直超过全球电力设备总体规模的40%。

同时，在全球低碳经济发展的呼声下，电力设备更为注重高效、节能和环保。如作为发电设备使用最为广泛的火电设备，十分注重开发和使用新的高效燃烧技术来提升效率。其中煤气化技术、高温燃气轮机等技术有较大发展。IGCC（整体煤气化联合循环）发电系统既有高发电效率，又有极好的环保性能，是一种有发展前景的洁净煤发电技术。由于面临环境保护与能源短缺的巨大压力，发电设备中的新能源发电设备成为近年来发展最快的行业。新能源设备包括核电设备、太阳能发电设备、风电设备等。

北仑可以重点考虑引进核电装备。围绕核电主设备核岛、常规岛，仪表控制系统以及核电站辅助设施所需的组件和配套件，重点发展以下产品：

核岛设备配套件，如：反应堆压力壳、蒸汽发生器、稳压器、装卸料机、反应堆环形吊车、核岛辅助热交换器、重部件支撑以及压力容器等配套零部件。常规岛所需汽水分离再热器配套件。

仪器仪表系统，如：数字化仪控系统以及中子通量装置系统、堆芯测温系统、高通量电离室、辐射监测仪等。

核电站辅助设备，如：各种容器，热交换器，箱槽，各类装置机吊器具，机器阀，以及电缆。

同时，北仑借助于北仑电厂等龙头企业尽快上马IGCC项目，建设智能电网。北仑得天独厚的风力资源条件，特别适合建设利用风光互补发电系统发电的大型智能电网，要充分加以利用。大力支持智能电网相关技术研发，推动智能电网产品的创新发展，积极招商智能电网龙头企业入驻北仑。智能电网建设将促进北仑电源结构的优化，大幅度提高可替代化石能源的比例，推动清洁能源快速发展。

5.5.5 节能环保设备

随着全球对环境问题及资源综合利用越来越重视，对相应装备制造提出了巨大的、持续增长的市场空间。预计“十二五”环境污染治理投资将占国家GDP

的1.7%～1.8%，即2.83万～3万亿元，其中环保设备约需1.13万～1.20万亿元，环保设备的年产值将由2010年的1400亿元增加到2015年的3000亿～3300亿元，而资源综合利用设备尚不包括在其中，可见增长幅度很大。

环保设备是装备制造业产业链的一个重要环节，且与本园区其他产业关联度较强（见表5-9）。其中船用环保设备是船舶配套产业中的重要类型，而烟气处理设备则能满足电厂、钢厂等电力、钢铁企业的环保设备需求。固体废弃物处理和再生设备的制造可以处理海工及船舶制造企业废料，打造园区循环经济产业架构。重点选择以下设备：

海水淡化处理设备。重点是：船用和陆用膜法海水淡化设备开发制造，其中陆用海水淡化设备重点发展10万立方米/日及以上规模的大型膜法成套设备，以及能量回收器、膜组件等关键设备和部件。

燃煤电站二氧化碳收集与利用设备及烟气脱硫设备。可与北仑电厂发电机组项目配套，也是急需设备。

船用发动机和海洋工程设备及大型施工设备的再制造技术与设备。

电子废弃物综合治理设备：主要包括各种废旧电脑、电子通信设备、电视机等废旧家电，以及被淘汰的电子仪器仪表等。

固体废弃物处理和再生设备。重点是：城市生活垃圾收集、运输、分拣、焚烧处理成套设备，建筑垃圾再生成套设备，工业废弃物处理和再生设备等。

表5-9　环境设备主要设备分类

<table>
<tr><td rowspan="3">水污染治理设备</td><td>工业污水处理</td><td rowspan="3">膜生物反应器、厌氧处理设备、曝气器、污泥脱水设备</td></tr>
<tr><td>市政用水处理</td></tr>
<tr><td>商业/居民用水处理</td></tr>
<tr><td rowspan="2">固体废弃物治理设备</td><td>城市生活垃圾</td><td rowspan="2">垃圾焚烧炉、可生物降解有机物快速处理装置、医疗垃圾热（裂）解焚烧及烟气净化装置</td></tr>
<tr><td>工业物体废弃物（包括工业、医疗垃圾和危险废弃物等）</td></tr>
<tr><td rowspan="3">大气污染治理设备</td><td>脱硫</td><td rowspan="3">转炉煤气湿法电除尘器、袋式除尘器、窑炉烟气脱硫除尘专用设备、循环硫化床锅炉</td></tr>
<tr><td>除尘</td></tr>
<tr><td>其他有害气体的处理</td></tr>
<tr><td rowspan="2">环境监测仪器</td><td>用于水、气、固体污染的治理</td><td rowspan="2">在固定污染源排放烟气连续监测系统、大流量TSP采样器、二氧化硫/一氧化氮分析仪</td></tr>
<tr><td>特殊环境和用途测试，如辐射、电磁波</td></tr>
</table>

积极培育和发展节能服务机构。打造公益性节能服务平台，配合政府开展节能技术推广，为中小用能单位进行节能诊断，提供公益性节能咨询服务；推动

节能服务公司为用能单位提供节能诊断、设计、融资、改造、运行等“一条龙”服务，以节能效益分享方式回收投资的市场化节能服务模式。做强环境工程承包服务。提供生态效率评价、清洁生产审核、绿色产品认证评估、环境影响评价、环境监测、环境投资及风险评估、环境保险理赔等方面的咨询服务。

5.5.6 高端化工装备

石油化工专用设备，包括工业炉、反应设备、换热设备、塔器、过滤设备、分离设备、搅拌设备、干燥设备、粉碎设备、包装设备。

石化通用设备，包括气体压缩机组、泵、阀门等。

化工仪器仪表，包括控制仪表、测量仪表和在线分析仪器等。属于化工产业链的高端产品，是实现化工自动化生产、节能环保和提高质量与效益的重要支撑。

IGCC 技术及装备：由于 IGCC 技术复杂，目前只有 GE、Shell、SIMENS 等少数几家公司掌握。其中 GE 公司采用水煤浆加压气化的煤气化技术，比较适合作为化工制备的原料气，Shell 公司采用干煤粉气化技术，相比之下更适合发电。

【参考文献】

[1]于冰，石磊. 中国不同历史时期的钢铁工业共生体系及其演进分析. 资源科学，2009(11)：1907－1918.

[2]宁波钢铁有限公司. 循环经济. http://www.ningbosteel.com/lshp3.asp.

[3]韩明霞，乔琦，孙启宏. 我国钢铁工业生态化发展模式研究. 环境与可持续发展，2010(4)：1－4.

6 生态农业

6.1 发展方向

以经济生态化理念为指导，以建设精品农业、精致农业为思路，以绿色消费需求为导向，以发展生态循环农业为路径，不断提升农业的经济效益、社会效益和生态效益。

6.1.1 农业生态化

按照农业、农村现代化建设的要求，推广生态农业模式，建设一批绿色、有机食品基地，加快生态农业示园区的建设。大力推进以生态公益林、生态保护林、生态经济林为主要内容的生态林建设。

6.1.2 农业产业化

构建工业反哺农业的稳定机制。鼓励工业企业投资兴办农产品加工企业和农业龙头企业，发挥北仑特色农业优势，争创绿色品牌，不断提升农产品竞争力。建立完善的农产品销售网络，提升农产品销售水平。

6.1.3 农业科技化

支持工业企业开发先进的农业先进适用技术，加快农业科技推广。以发展高效生态农业为导向，大力推进农村产业结构的战略性调整。实现高新科技与农业发展的有效结合，引领现代农业的发展。

6.1.4 农业休闲化

将农业产业链延伸，发展休闲、旅游、观光农业。以田园景观和自然资源为依托，结合农林渔牧生产、农业经营活动、农村文化及农家生活，建设一个以农业园区和民俗旅游为主体结构的"城市－郊区－乡村－田野"休闲农业体系。

6.2 发展格局

禁止开发区和适度开发区主要在东南部农－林生态保护区内，生态区以中部太白山脉为北仑的天然生态屏障、水源涵养区域和森林公园，以山脉及南部区域为腹地，主要任务是保护生态环境、涵养城区水源、防止水土流失、控制环境污染。该区域保留少量的基本农田，严格控制工业项目。对现有的乡村工业主要是模具企业进行适时整体搬迁，进一步加强生态保护。

生态区主要包括小港、大碶、霞浦、柴桥基本农田保护区，城镇与基本农田之间过渡地带的农业发展区，白峰镇的大部分地区，大碶街道、柴桥街道部分村以及北仑区林场等。以农田保护及森林生态保护为主，包括基本农田保护区、城郊农业发展区，城市生态保护带，自然保护区，水库及流域集雨区，生态旅游区等。按土地类型及区域可分为生态农业用地保护区和林业—水土生态保护区。

农业生态用地保护区范围包括：329国道线南侧的大碶街道、霞浦街道、白峰镇的大部分，以及新碶街道的高塘、岭南、大同、妙林、大树等村，小港的新立、新民、新政、下邵、新棉、新建等村。

林业—水土生态保护区包括白峰镇的大部分以及大碶街道的新路、共同、杨岙、城东、城联、东岙、西岙、青林等村，白峰镇的紫石、河头、洪岙、岭下、沙溪等村和北仑区林场瑞岩寺林区和新路林区。区内包括穿山半岛山体及白峰西南侧山体生态保护带、柴桥瑞岩寺—九峰山山体生态保护带、瑞岩寺国家森林公园、城湾水库、瑞岩寺水库、红山水库、紫微岙水库、竺家坑水库、黄龙坑水库等主要生态保护区。

6.3 发展建议

主动适应北仑产业和城镇建设要求，构筑集经济、生态、旅游、科技于一体的“一带一岛多点线”的现代生态农业体系。

6.3.1 推广生态农业模式，建立多样化的生态农业模式

推广以农田为重点的粮经作物轮作和间套作模式，以减少面源污染为核心的农药、化肥、地膜科学使用模式，以秸秆还田和综合利用，平衡施肥，有机肥生产、滩涂生态循环养殖、网箱立体养殖畜禽—沼气—种植等为主要内容的内部资源循环利用模式，以及生物物种共生、用养结合的集约型规模经营、庭院经济和农工贸综合经营等模式。

6.3.2 着力构建生态农业循环体系，形成内部和外部联合发展

实现种植、养殖、加工相互促进，减少农药、化肥和其他资源的消耗，达到调整农村能源结构，改善农村环境和提高生态、经济效益的目的。延长农业生产的产业链，积极倡导按照生物链规律，积极发展生物农业；大力发展远洋捕捞、近海深水养殖以及无公害农产品生产基地等，提高农业生态系统的综合生产力和经济效益。

6.3.3 优化产业空间布局，推进绿色农业基地建设

按土地类型及区域可分为生态农业用地保护区和林业—水土生态保护区。按照优质、高效、生态、安全的要求，加快转变农业发展方式，优化农业产业结构，建立体现北仑特色的都市型现代农业体系，推进现代农业园区和产业化基地建设。把现代农业综合开发区建设成为农业循环经济发展的示范园区，形成绿色农产品种植示范、农业优质种苗培育、节水型农业发展、先进绿色农业技术推广的重要基地。续接、重构生态产业链，形成基地规模和产业优势互补。促使种植业、畜牧业、水产养殖业等从分散、粗放型向集约、精益型转变。

6.3.4 实施“科教兴农”战略，加强农业科技服务

加快农业科技进步。加强农业科学技术研究，支持民营农业科技研究机构发展，加快引进各类农业技术及其推广和应用。加强农村实用技术教育，加强农经信息网络建设，扩大网络覆盖，开通网上专家资源系统，开展农业科技讲座。

扶持农民专业合作组织和农产品行业协会发展，为农民提供信息、技术、流通服务等方面的支持，提高农业组织化水平。大力调整农业种植系统，推广生物防治技术，开展农业病虫害的生物防治，降低农药的使用量。

6.3.5 加快产业融合步伐，促进农业与旅游业共同发展

大力发展乡村旅游，对现有观光农业、农家乐等乡村旅游点进行规范化管理和培训。鼓励开发乡村民俗、主题酒庄、乡村会所和俱乐部等特色乡村旅游产品。保护弘扬优秀民间艺术、民俗文化，扶持有代表性和影响力的民间民俗艺术活动、艺术项目，积极创新具有地域特色的、具有环境道德特色的民间艺术，并使之为旅游所用。加大对新开发乡村旅游点的引导和扶持，争取政策和资金对乡村旅游点的基础设施建设和项目开发予以支持和补助。对乡村旅游节庆和营销活动予以大力支持。

7 生态服务业

7.1 港口物流产业

7.1.1 发展方向

1. 实现集疏联运,建设全国性物流节点

宁波是国务院指定的全国性物流节点之一,而北仑是拥有宁波最重要的港口资源,必须利用这一优势,打造成为全国性物流节点的核心组成部分。而这一问题的关键是如何扩大北仑物流的辐射能力。北仑区拥有大港口,保税区和保税港区等资源,但是无缝隙的集疏运体系尚未形成,不能完全发挥应有优势。正在以及将要建立的铁路,运河杭甬段的疏通等将为北仑提供很好的机遇,同时也需要疏通公路体系,建立快速、高效的公路疏港通道。对于北仑来说,利用优势、克服缺陷,把握机遇建立多式联运体系,发展全国乃至国际大物流是发展的目标。

2. 突破流通界限,实现流通环节一体化

流通环节存在着许多产业,包括商务、金融、物流等服务业。这些产业之间存在着紧密的联系,所以最古老的产业形态中他们是一体的,社会分工提高了各自的效率。但是随着技术的进步,实现更高层次的一体化时期已经到来。

物流只有和商务、信息、金融服务相结合,才能提供更有竞争力的服务,在价值链中获得更高的地位,实现行业的档次提升。北仑区坐拥优良港口,如果突破行业界限,实现了流通环节一体化,必将能最大限度发挥这一区位优势。

3. 专业化精深发展,物流环节全面专业化

当前物流外包在北仑区制造业中并不是很普遍,许多企业还拥有自己的运输队。这种运营方式存在着许多弊端:分散了企业的精力,无法集中力量于核心业务;非核心物流业务无法实现专业化。物流专业化,是基于物流产业化,利用信息技术、网络技术等,构建规范的、现代化的网络信息平台,有针对性地服务于特定类型的企业的物流最大限度提高运行效率的物流发展形态。

目前,北仑区正在积极推行制造业主辅分离,物流业务的分离必将是其中的重点工作,如果使经济活动的每一个物流环节做到产业化,必将为物流专业化打下基础。北仑港口运输产品集中于少数几类大宗散货也是进行专业化物流的一个优势所在,因此物流专业化是重点的发展方向。

7.1.2 发展建议

按照浙江省物流产业“三位一体”的要求,加快打造疏运网络体系、商品交易体系、金融和信息体系,做到以疏运网络为体、商品交易为用、金融增值为纲的一体化。

1. 全力构建海陆联动集疏运网络,提升物流运输效率

完善铁路、水运以及管道运输体系,提高集疏运容量。以北仑港疏港铁路扩建工程为契机,建设辅助设施,提升海铁联运服务能力,提高联运效率,努力探索宁波港内河水运大体系开发,预留发展空间。

海陆联动集疏运网络主要是指以港口为枢纽,完善公路、铁路、民航和内河航道一体化的陆上集疏运网络和江海联运的水上集疏运网络,构筑结构优化、有机衔接、能力充分、高效运行的综合运输体系。构筑“三位一体”港口服务体系核心任务是建设大宗散货交易平台,把原来以装卸生产为主的传统港口生产,提升为具有资源配置功能、高附加值的现代经济,加快经济发展方式的转变。

2. 合理规划运输与仓储空间布局,港城分离提高集疏运效率

区分运输类型,分离交通体系,对于对接高速路网的快速通道实行专用机制,与区内作业的车辆分离,以增加运转速度,减少车道需求,节约资金。加速专

业市场和信息平台建设，流通环节一体化发展。

3. 通过外引内联，加快培育进口分拨业和国际中转业的发展

提供内部培育和吸引知名批发、零售和贸易企业，发展一批生产要素市场和工业品以及部分消费品专业市场，努力形成几类大宗商品的价格形成中心和国际期货市场交割中心，重点发展梅山岛进口货物配送和大宗商品进口分拨分销基地。以中转国内出口集装箱为切入点，积极引进国际一流的港航运营企业，大力拓展国际中转和转口贸易。

4. 依托省内专业市场，加快发展出口配送业

依托宁波集装箱海铁联运物流枢纽站，加强与义乌等海铁联运物流枢纽城市合的作，搭建物流信息平台，积极利用浙江省内的大型专业市场，大力发展采购、加工、拼装、分拨等功能，加快建设国际采购配送基地。依托宁波市传统优势产品，积极发展优势制造业产品采购配送基地。

7.2 金融产业

7.2.1 发展方向

1. 加强生态环保事业金融支持，提升生态责任

作为一个临港工业城市，北仑区能耗一直在宁波市占据相当大的比例，成为全市节能降耗工作的重点。金融业作为经济活动的中心，起着调配资金配置的重要作用。而在金融活动中，社会责任特别是生态责任一直没有受到重视。应当以生态文明建设为契机，利用金融业的经济功能，优化资金在企业间的配置，促使企业提高对生态环保的重视程度；合理导向资金进入绿色环保项目，支持工业城市的生态转变。

2. 加快中小、创新型企业支持，提升经济责任

与全国绝大部分地区一样，北仑区存在着严重的中小企业融资难问题。一方面中小企业融资难，大量企业缺少资金；一方面银行资金缺乏出路，四处出击，却不愿意贷给中小企业。中小企业是一个地区吸纳就业的主要经济体，也是一个地区经济活力的体现。金融业必须形成中小企业支持体系，解决中小企业融

资难问题,特别是中小企业在创新活动中的资金短缺问题。

3. 加强产业融合,促进现代服务业整体发展

港口的竞争不仅仅是费用的竞争、规模的竞争,更重要的是服务的竞争。因此各港口城市都在积极建立现代服务业体系。而港口服务的基础是物流,制高点是金融。作为全国吞吐量最大的港口宁波－舟山港的核心部分,北仑区的物流业必将进入大规模发展时期,物流业的发展需要金融系统的支持,金融业也应当抓住机遇,创新运营模式,进行产业融合,扩大金融业产业规模。

7.2.2 发展建议

1. 大力实施生态环保金融支持战略

积极加强环保部门与金融机构共享企业环保信息,培养金融机构生态环保意识,坚持用环保低碳标准审核信贷项目,调整信贷结构,加大符合低碳经济要求的优质项目信贷投入力度,严格控制污染严重、能耗过高和排放量大的企业的非绿色项目的贷款规模。应用金融杠杆,放大生态环保资金的使用效果,刺激金融机构向环保项目融资。设立生态环保基金,加强监督管理力度,保障环保基金高效运行积极共享环保信息,降低技术风险。灵活运用环保资金,促进生态建设。加强监督管理力度,保障政策运行。

2. 重点支持地方法人金融机构发展

加快地方金融组织产品服务创新步伐,充分利用国家调整放宽农村地区金融机构准入政策的机遇,总结小额信贷组织、村镇银行等新型金融组织设立经验,积极支持以服务本地为主的中小法人金融机构发展。积极创造条件,支持辖区内有实力的大型企业、民营企业出资参股地方金融机构,支持符合条件的大企业集团组建财务公司。大力培育多种形式的小额信贷组织。以推进农信社改革试点为契机,积极推动农村信用合作社升级改制进程。

3. 全面促进多层次资本市场发展

加快企业改制上市步伐,争取每年有 2－3 家优质企业上市。稳步发展证券期货市场。大力培育创业投资市场,积极培育产业投资和创业投资主体,鼓励各类投资者参与创业投资事业的发展。加快设立创业投资基金,大力支持创业投资企业和具有创业投资性质的企业改建为规范的创业投资企业,引导社会资金流向创业投资,促进地方经济发展。

4. 积极推动物流金融业务模式发展

推进仓储业的规范化、信息化建设。鼓励动产质押及物流银行业务。建立物流金融业配套保障体系。鼓励金融机构从上海等地引进高端物流金融人才，整合区内教育资源，打造航运、物流金融高技能人才、应用型人才的培养基地。

5. 积极争取国家离岸金融试点建设

积极推动与梅山保税港区管委会合作，争取市政府支持，加快发展梅山保税港区离岸金融业务，为争取和推动梅山保税港区离岸金融业务试点做准备。建立健全相关配套政策与监管机制，允许获得离岸银行业务经营资格的金融机构在梅山保税港区内设立分支机构，从事离岸银行业务。允许符合条件的梅山保税港区内企业开设离岸账户。稳步开展离岸银行期货保税交割、离岸保险、资产管理等离岸金融业务试点探索，为区内企业提供结算、融资、保值避险等金融服务，进一步推动金融业的对外开放。

7.3 旅游与休闲业

7.3.1 发展定位

北仑生态文明建设中，旅游业主要从两个方向上作出努力：一是将生态文明的理念贯穿整个旅游发展，促进北仑旅游业发展方式转变和产业转型升级；二是通过旅游业发展促进全区自然环境与人文环境的生态文明化，使生态旅游成为北仑生态文明的主要实现形式之一。目标是将旅游业培育成为推动北仑实现绿色发展、和谐发展、统筹发展的重要产业，使旅游业成为北仑新一轮开放创新、转变发展方式的动力产业，人民群众就业致富、促进社会和谐的民生产业，全面塑造北仑新形象、凝聚发展软实力的文化产业，保护生态环境、建设两型社会的绿色产业，成为建设富裕文明和谐新北仑的重要标志。

“一岛”：依托梅山岛保税港区建设，建设国际邮轮码头、国际客运中心，海上游轮主题乐园、东海海上旅游集散中心、国际滨海度假社区等旅游项目。充分利用绿色农业、生态湿地等资源，发展现代农业休闲观光旅游，打造高端休闲旅游服务聚集区。

“两区”：北部产业生态旅游区和南部山水生态旅游区。依托北仑北部高端临港产业集聚区，加强旅游业与工业、制造业的互动融合，打造北部产业生态旅游聚集区。以九峰山风景区、洋沙山海滨等依托，打造以山地运动休闲、自然山水观等为特色的南部山水生态旅游区。

“三带”——沿太河路生态旅游长廊、太白山一九峰山休闲长廊、海上巡游长廊。整合旅游资源、产品和游线，串联凤凰山海港乐园、九峰山旅游区等核心旅游景区，建设沿太河路及其延伸段生态旅游带。依托“秀美山川”项目，建设沿孔墅岭一太白山一九峰山休闲带。以梅山水道开发为龙头，加强海上巡游休闲廊带建设。

7.3.2 发展方向

1. 大力发展生态旅游和低碳旅游

以自然山水、海滨海岛为核心的自然生态旅游基地，以临港工业产业带、汽车制造基地、高新技术基地为核心的产业生态旅游基地，扩大和规范生态旅游市场，积极发展深层次、高质量的生态旅游业务，满足生态旅游者认识自然、体验自然与享受自然的多层次需求。

2. 积极发展体育旅游和康体保健

以邮轮母港、游艇基地为抓手，打造海上运动休闲基地；推动高尔夫休闲旅游健康发展，占领高端旅游阵地；以北仑体艺中心、国家级运动队综合性训练基地为载体，积极举办赛事，发展体育旅游；积极推进疗养基地、滑雪运动、山地运动、海钓基地等休闲度假产品。

3. 强化滨海生态和深度体验旅游

抓住滨海新城开发的历史机遇，充分发挥距离宁波市中心最近的优势，依托梅山保税港区和春晓滨海新城的开发建设，在北仑建成彰显滨海风情的南部生态休闲旅游带，将北仑塑造为宁波乃至长三角海滨后花园的形象。大力发展海滨生态和深度体验旅游，积极推进时尚旅游发展。

4. 利用工业、港口等资源发展产业旅游

发挥北仑港“四大深水良港”之首的优势，利用北仑已经深入人心的“东方大港”、“临港工业重镇”的区域形象，以及近年来工业旅游发展奠定的良好基础，发展科教旅游、工业旅游，将北仑独一无二的海港资源优势与当今“求知、求新、求奇”的旅游需求相结合，在知识经济中抢占先机。

7.3.3 发展建议

1. 统筹协调科学发展，实施大生态旅游建设工程

加快旅游产品开发和建设是北仑旅游业发展的关键因素。要树立大旅游的发展理念，强化合力兴旅战略，重点打造两大载体，一是依托自然资源优势，打造海滨度假休闲与生态旅游基地；二是利用港口与临港工业资源，打造产业生态旅游基地。从空间上形成"一岛两区三带"发展格局，促进项目集聚、功能集聚和要素集聚，形成一批业态多元、特色明显、市场吸引力强的旅游产品。在产业发展、城市建设、社会事业等诸领域充分融入旅游元素，实现百业促旅、融合互动，优化旅游发展环境。推进旅游业态多元化，包装推出海洋旅游、工业旅游、都市休闲旅游、乡村旅游、佛教旅游等专项产品，推进自驾车露营地、游艇基地、海钓基地、休闲渔场、温泉度假、森林休闲、体育、影视等新业态产品的开发，形成以休闲度假产品为主体，观光旅游、文化体验、康体养生、商务会议等产品互为支撑的旅游型态。

2. 多方合力加强宣传，实施品牌推广工程

由区委、区政府主导，设置专项资金支持，采用专项方案推动，制定统一的Logo和英文译名，采取一系列整合行动，增加"东方大港"内涵，将"东方大港，快乐起航"旅游品牌上升为全区的品牌工程，实现全面拉动，成为各部门、各行业一致对外的宣传形象。进一步提升国际港口文化节的影响力，办好系列乡村农事节庆活动，推动城乡互动。按照品牌建设要求，设立专项资金，制定支持方案，对重点旅游区和旅游企业进行补贴，调动各方积极性，对旅游形象品牌进行一体化设计，打造"东方大港"整体形象，并围绕核心形象形成系列宣传口号，整合资源进行统一营销。

3. 创新机制拓展空间，实施大旅游产业建设工程

加快培育旅游大企业、大集团，以产业化为目标，以资本和品牌为纽带，提高产业集中度，做大做强旅游市场主体。鼓励各级政府组建旅游投资公司，构建投融资平台。顺应休闲度假发展需求，建设发展一批上规模、高品位的旅游度假区，加快建设梅山岛生态海港旅游区、中心城区休闲港城、凤凰山海港公园、春晓海洋休闲度假新城、洋沙山风景区等，形成休闲度假、运动养生、乡村休闲等多样化、特色化和规模化的度假产业集群，构建旅游景区业新高地。培育旅游新业态及相关旅游产品开发，推进旅游业与工业、农业等相关产业以及房地产、文化、体

育、保健等行业融合发展的大格局。通过嫁接优势，将其他产业资源转化为产品，延伸产业链、拓展价值链、壮大旅游产业。

4. 创建生态旅游示范区，实施旅游创牌评优工程

将梅山岛、春晓海滨新城打造成5A级景区，将九峰山度假区升级为5A，突出各景区的生态价值和生态地位，加大资源整合力度和投资力度，完善基础设施及配套建设，按照《国家生态旅游示范区标准》的基本要求，加快推进沿太河路生态旅游产业走廊建设，申报国家生态旅游示范区。加快旅游集散中心、旅游咨询中心、旅游信息中心建设，使全区成为生态环境保护完整、生态与经济双赢、服务功能设施齐全、生态旅游产品丰富，集海滨、海岛、海港、湿地、河流、湖泊、野生动植物观赏和乡村农业观光为一体的生态旅游示范区。

8 构筑生态基础设施体系

8.1 水生态基础设施

8.1.1 规划目标

按照水资源朝着“供需平衡、持续利用、促进生态环境向良性方向发展”的原则，对区内水资源进行规划设计和管理，供给方实现“基础设施的生态化”，需求方突出“有效需求管理”，系统地促进水的高效利用与循环利用，构筑生态模式下的水基础设施体系。水系统规划指标与预测如表 8-1 所示。

表 8-1 水系统规划指标与预测

指标类别	指标名称	现状值	预测值
		2009 年	2015 年
规模指标	自来水供水规模(万 m^3/d)	34.75	40①
	大工业水供水规模(万 m^3/d)	30	50②
	再生水供水规模(万 m^3/d)	10	23
	需水总量(亿 m^3)	2.01	2.45

续表

指标类别	指标名称	现状值	预测值
		2009 年	2015 年
结构指标	取水结构(工业∶生活∶农业)	49.5 ∶ 23.6 ∶ 26.9	65 ∶ 24.5 ∶ 10.5
	城区污水再生利用率(%)	47.5	50
效率指标	工业用水重复利用率(%)(不含海水)	94.8	96
	城乡人均生活用水量(L/人·日)	186	185
效益指标	单位 GDP 取水量(m^3/万元)	44	25
	单位工业增加值新鲜水耗(m^3/万元)	40	29

注:①到 2015 年,将新增两个城市优质水厂:东钱湖水厂和江东水厂,供水规模为 10 万～15 万 m^3/d,数据来自北仑区"十二五"水资源供求平衡研究。

②采用姚江大工业水厂的总规模数据。

8.1.2 水资源平衡分析及预测

1. 水资源平衡现状

从图 8-1 所反映的水资源平衡现状来看,大工业水还有很大一部分没有使用,再生水厂还有扩大规模的可能,而且目前再生水的生产规模远大于使用量。

2. 中远期水耗预测

(1)工业取水量和用水量预测

以行业法预测工业取水量,选取重点水耗行业电力行业、钢铁行业、石化行业、造纸行业和纺织行业以及其他行业进行分行业水耗预测。经预测,2015 年北仑工业用水量 380487 万吨,2020 年用水量 478832 万吨。根据以上对工业取水量的预测,按照各行业工业用水重复利用率推算,得工业取水总量 2015 年为 15937 万吨,2020 年为 18505 万吨(见表 8-2)。

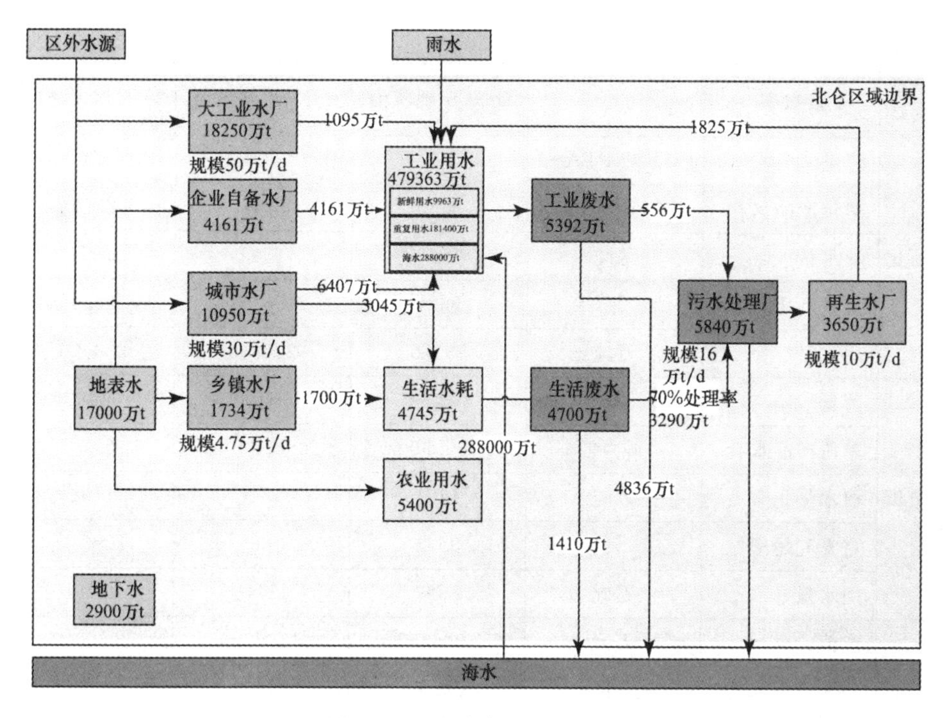

图 8-1 北仑水资源平衡现状

表 8-2 行业法预测工业取水量和用水量结果

行业名称	参数项	单位	2009 年现状值	2015 年预测值	2020 年预测值
电力	装机容量	万千瓦	500	700	800
	发电水耗	公斤/千瓦时	1.28	1.05	0.95
	取水量	万吨	2895	3455	3610
	重复利用率	%	96.1	96.5	96.8
	用水量	万吨	74228	98723	112827
钢铁	钢铁产能	万吨	460	600	600
	吨钢水耗	吨/吨钢	2.47	1.20	0.80
	取水量	万吨	981	1151	1151
	重复利用率	%	98.1	98.2	98.2
	用水量	万吨	51607	63948	63948

续表

行业名称	参数项	单位	2009 年现状值	2015 年预测值	2020 年预测值
石化	产量	万吨 PTA	125	500	700
	单位产品水耗	吨/吨 PTA	6.50	3.45	2.60
	取水量	万吨	1922	7099	9655
	重复利用率	%	96.4	96.5	96.6
	用水量	万吨	53379	202840	283976
造纸	产量	吨	870000	1131000	1500000
	单位产品水耗	吨/吨	16.90	8.98	6.75
	取水量	万吨	1281	1341	1408
	重复利用率	%	85.1	88	90
	用水量	万吨	8597	11176	14081
纺织	产值	万元	1096487	1300000	2300000
	万元产值水耗	吨/万元	22.00	11.69	8.79
	取水量	万吨	2306	2240	1960
	重复利用率	%	15.3	20	30
	用水量	万吨	2722	2800	2800
其他	产值	万元	4953201	11100000	19700000
	万元产值水耗	吨/万元	3.00	1.59	1.20
	取水量	万吨	567	650	720
	重复利用率	%	32.3	35	40
	用水量	万吨	837	1000	1200
总计	取水量	万吨	9950	15937	18505
	取水量实际值	万吨	9963		
	用水量	万吨	191370	380487	478832
	用水量实际值	万吨	191363		

注：各行业产值或产能预测值来自北仑区发改局访谈，钢铁行业以 2020 年不扩大规模的情况计算。

(2)需水总量预测

将新鲜取水中的工业用水、生活用水和农业用水相加，可以得到 2015 年北仑区需水总量 24517 万吨，2020 年需水总量 28133 万吨（见表 8-3）。

表 8-3 需水总量预测

	2009 年现状值	2015 年预测值	2020 年预测值
生活用水（万吨）	4745	6010	7293
城乡人均日用水量（升/人·日）	186	185	185
总人口（万人）	70	89	108
工业取水（万吨）	9963	15937	18505
农业用水（万吨）	5400	2570	2335
需水总量（万吨）	20108	24517	28133

注：农业用水预测值引自《宁波市北仑区水资源综合规划》和《北仑区域“十二五”时期水资源供求平衡研究》。

3. 中远期水资源平衡预测

到 2015 年，北仑将形成分质供水、优水优用、再生循环的供水格局（见图 8-2）。工业用水优先取用再生水、大工业水和雨水，企业的间接冷却水可直取海水，并循环使用，降低企业自备水厂取水规模，只有对水质要求较高的生产工艺用水可取用水库等优质地表水。生活用水全部采用城市水厂的大管网供水，关闭乡镇水厂，水库水作为后备水源。

8.1.3 规划建议

根据北仑现有的水资源基础和消耗利用情况，建议进行区域内水资源一体化设计，主要包括：多水源供水系统；用水及节水系统；水处理及回用系统的建立（见图 8-3）。

1. 建立多水源供水系统，为区内用水提供保障

（1）开展分质供水，加强非传统水资源利用

实行分质供水，统筹考虑生活用水和工业用水，将工业专用供水与生活公共供水分开，实行大网的分质分类供水、优水优用，企业优先采用再生水，其次采用大工业水、河网水和水库水，而城市公共供水采用水库水。

加强非传统水资源利用。大力推广中水回用项目，积极开展海水利用工程和雨水利用研究等非传统水资源开发利用。

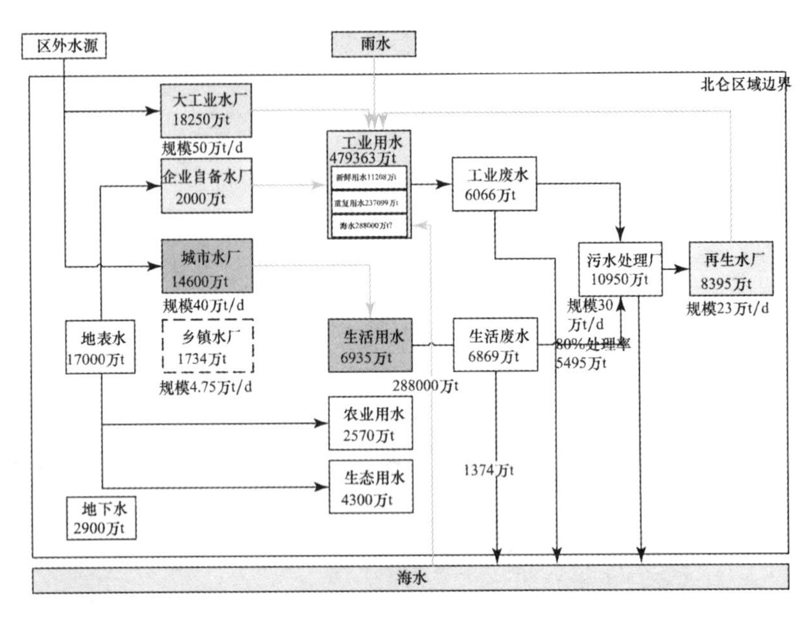

图 8-2　北仑水资源平衡预测(2015 年)

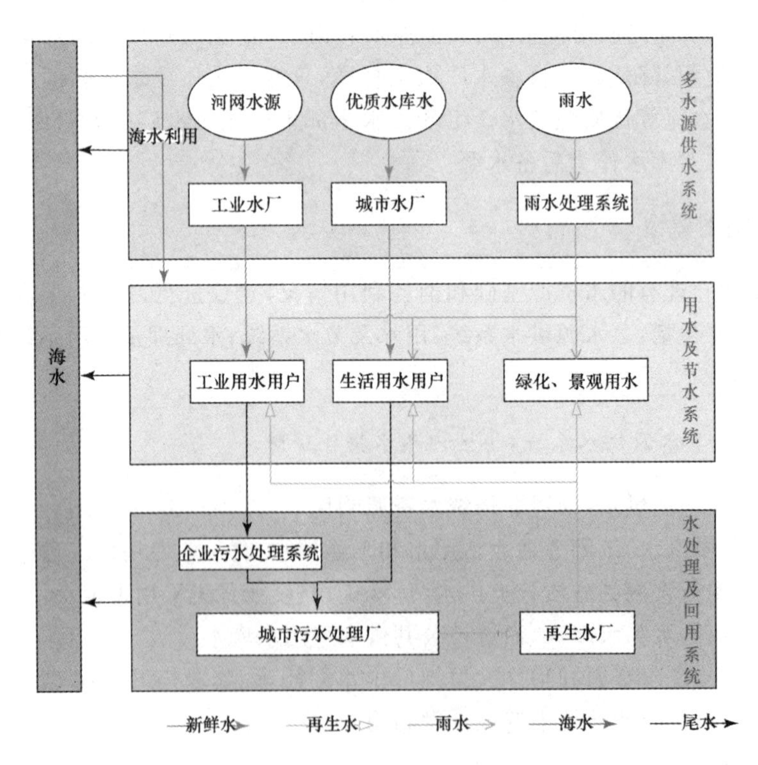

图 8-3　北仑水资源一体化设计方案

(2)促进大工业水的使用

大工业水目前在北仑区的主要用户只有宁波钢铁,使用量相对于大工业水供给量严重不足。随着宁波市下一步分质供水和水资源统一调配工作的实施,下一步北仑区也应扩大对大工业水的使用,将优质水库水优先供给居民生活使用。

(3)扩大海水的使用

海水利用是增强企业竞争力的有效措施。工业大规模直接利用海水作为冷却水是我国海水利用的主力军,而淡水价格是决定沿海企业利用海水规模的最重要因素之一。在价格杠杆作用下,选择利用海水还是继续用高价淡水作为工业用水,将是沿海工业企业,特别是电力、化工、石化等高用水企业必须作出的选择。大规模直接利用海水、替代淡水作为冷却水,将有效降低高用水企业的用水成本,是企业提高效益的重要措施。在电力、化工、石化等行业大力发展海水替代淡水作冷却水,上规模、上水平。建设海水冲厕示范小区,逐步推广海水冲厕技术。要通过地方性法规和政策引导,选择新建生活小区或开发区,积极开展海水冲厕的示范,并逐步推广应用。在以后有条件有需要的时候,应适当发展以解决工业纯净水问题为目标的中小型海水淡化工程,在较大程度上解决用海水淡化水作为电力、化工、石化等企业高纯度工业用水(如锅炉补水等)的问题。

对于电厂用海水作为冷却水,排出的冷却水有一定的升温,适合热带鱼类的人工养殖。

(4)开展雨水利用的研究

城市雨水利用系统建设在全国尚处在起步阶段。但随着全国人民环保意识的增强,城市雨水利用会逐步发展起来。目前北仑区的雨水利用尚处于空白状态,在区内人均水资源相对较低的情况下,不仅可以解决部分城市的水资源短缺问题,也为水资源的长期可持续发展提供了一个有效途径。开展雨水利用在雨水收集利用、设备生产、设施建设、运行管理、中水利用等方面形成一个成熟的产业链。

以宝新不锈钢厂内雨水利用为样板,推广企业厂内雨水利用,并开展区域集中型雨水收集和利用的研究,借鉴国内外雨水利用的成功案例,分析区内建设大型雨水收集利用项目的可行性。

德国的城市雨水利用方式有三种:一是屋面雨水集蓄系统,集下来的雨水主要用于家庭、公共场所和企业的非饮用水。二是雨水截污与渗透系统。道路雨水通过下水道排入沿途大型蓄水池或通过渗透补充地下水。德国城市街道雨水管道口均设有截污挂篮,以拦截雨水径流携带的污染物。三是生态小区雨水利用系统。小区沿着排水道建有渗透浅沟,表面植有草皮,供雨水径流流过时下渗。超过渗透能力的雨水则进入雨水池或人工湿地,作为水景或继续下渗。

区域雨水利用的主要途径有:区域河道生态用水和生活小区的景观用水、杂用水。

为保证区域内河道有足够基流量修复区域生态和环境，规划雨水采取分散收集，营造景观与修复生态相结合，处理与利用相结合的原则，通过滤渠、河道绿化带、湿地系统对径流雨水进行处理、储存并作为河道补充水。例如在广场、公园等景观水体周围建设储水池，雨水经过简单处理之后储存于储水池，回用于公园绿化、景观水体补水等。

在生活小区，推广城市绿地草坪滞蓄直接利用技术，雨水直接用于绿地草坪浇灌，因地制宜采用微型水利工程技术，对于雨水资源加以开发利用，如房屋屋顶雨水收集技术、道路集雨系统等。如果对收集的雨水经过简单的处理，铺设专门的管网，小区内的雨水还可用于洗车、冲厕等，能明显减少生活用水量。

2. 完善用水及节水系统，提高水资源利用效率

(1)工业节水：加强用水管理和提高工业生产用水系统的用水效率

注重重复用水的利用，包括冷却水的循环节水、一般循环节水(指循序用水、闭路用水等)；通过实行清洁生产战略，推进生产工艺节水，重点针对北仑区快速发展的电力、石油、化工、不锈钢、造纸和纺织印染等污染较重的行业，大力推广以“节水、节能、减污、增效”为核心的清洁生产。在现有企业积极推进清洁生产审计和 ISO14000 环境管理体系认证，推广清洁生产技术；对新改扩项目和新上项目按照相应行业清洁生产标准进行严格把关，至少达到国内清洁生产先进水平才能引进，控制高耗水项目的上马。

石化企业要建立水资源综合利用系统，提高工业废水回收利用率；电力企业要推广废水深度处理技术，提高厂内各种供工业废水的循环利用水平，提高中水、海水使用率，节约利用水资源；造纸行业加快实施再生水利用工程，降低造纸工业水耗，提高水循环利用率。

(2)生活节水：减少管网漏损，提倡居民节约用水

针对城市供水管网漏损严重的现状，积极采用城市供水管网检漏和防渗技术，推广实用的新型管材，逐步淘汰灰口铸铁中等口径管材、镀锌铁管小口径管材，推广应用供水管道连接、防腐等方面的先进施工技术，减少在管道接口处的漏损量。对于居民生活节水，应充分利用广播、电视、报纸、网络等宣传媒体，加大节水宣传力度，积极开展节水型社区建设；应逐步改造现有大容量洁具，推广使用节水型用水器具。

(3)农业节水：优化种植结构，推行节水灌溉新技术

优化种植结构，根据农田的墒情与肥力状况，科学运用灌溉和施肥技术，如覆盖保墒技术，包括塑料薄膜、秸秆覆盖等。改变传统的灌溉方式，逐步推行各

种水稻节水灌溉技术，改变传统的漫灌为喷灌、滴灌。

3. 扩大再生水供应规模，提高再生水使用比率

(1)采用污水深度处理，提高再生水供应能力

加快岩东再生水厂二期以及小港再生水厂的建设，并积极推广促进再生水的使用，对区内还未对废水进行深度处理的污水处理厂逐渐进行改造，既提高再生水的供应能力，提高水资源利用率，又可减少废水排放所带来的环境污染。

(2)挖掘潜在客户，提高再生水使用率

经过处理的城市污水，是城市可利用的稳定的淡水资源，能够用于城市绿化、园林景观、道路喷洒、市政施工、工业冷却、家庭冲厕、洗车用水等。

再生水作为工业用水。目前北仑区中水的使用量为5万吨/日，主要用户为宁钢和台塑台化，中水回用还有很大的潜力可以挖掘，潜在需求客户见表8-4。如表所示，每年潜在的中水需求可达0.45亿吨，占工业新鲜用水总量的46%。尤其是亚洲浆纸，应作为重点推进的目标。

表8-4 北仑区中水回用需求分析

企业名称	用水工序	补水量万吨/年	水质类型	备注
北仑发电厂(一期、二期)	工业循环水、水汽循环水	354.8	工业冷却水	电厂循环水补充量取循环总量的3%
开发区热电(一、二、三期)	循环冷却系统补充水	126	工业循环冷却水	部分采用小浃江水、部分采用市政水
台塑自备热电厂	循环冷却系统补充水	816	工业循环冷却水	采用机力通风冷却塔
宁波钢铁厂	焦化、原料场、烧结、高炉、转炉、煤气管道冷凝水、焦炉高炉煤气柜水封水、空压站含油废水	789	部分工艺用水和循环冷却水	
亚洲浆纸	热电站冷却补充水、车向纸浆制备和抄纸用水	2367	热电站循环冷却补充水、车间工艺用水	
合计		4453		

来源：北仑区水资源综合规划(2005—2020)。

再生水作为生活杂用水。目前北仑已经有部分园林绿化用水用中水替代，应进一步推广再生水代替自来水作为市政、园林用水。将小区的污水就近收集和处理，可作为城市杂用水就近回用，特别是集中的居民小区、中高档饭店、写字

楼、别墅等，可将再生水用于家庭卫生间冲洗、马桶用水、冲洗地面用水，以及小区内坑塘补充水、小区道路喷洒水、树木、草坪、鲜花浇灌水。可在春晓新城和梅山新建小区、饭店、办公楼等开发建设的同时，同步建设小型生活污水收集和处理设施。

4. 完善政策机制，提高水资源信息化管理水平

(1)完善水资源高效利用与优化配置的政策机制

实行用水定额的指标管理，特别是对用水大户，下达用水指标，并实行严格的考核、奖励与惩罚措施；建立灵活的调价机制，完善水价形成体系，有序地实行季节性水价、阶梯式水价和优水优价等政策。合理确定再生水价格，促进再生水的使用，强制部分行业使用再生水，扩大再生水使用范围；建立政府调控、市场引导、公众参与的节水型社会体系；积极实施分质供水、优水优用。

(2)加强信息化建设，提高水资源信息化管理水平

目前水利部门已建立水信息系统，但以防洪减灾为主，缺少水资源、水环境等方面的信息化建设，且覆盖率不够高。建议加强部门间的合作和数据信息的交流，建立一套完善的水资源信息系统，并提高覆盖率，为区内水资源保障和安全提供科学保障和实时信息。

8.2 能源基础设施

8.2.1 规划目标

坚持能源可持续利用战略，优化能源结构，逐步提高清洁能源比重；突出对能源系统进行产能、输能、节能和能量综合利用一体化的设计和管理，大力提高能源利用的效率与效益；坚决贯彻落实节能降耗工作，突出管理节能，显著降低能耗水平。能源系统规划与预测如表 8-5 所示。

表 8-5 能源系统规划指标与预测

指标名称	现状值	预测值	
	2009 年	2015 年	2020 年
清洁能源使用率(%)	15	16	18
单位 GDP 综合能耗(吨标煤/万元)	1.17	0.92	0.69
单位工业增加值能耗(吨标煤/万元)	1.71	1.36	0.92

续表

指标名称	现状值	预测值	
	2009 年	2015 年	2020 年
能源产出率(万元/吨标煤)	0.85	1.08	1.44
集中供热率(%)	95	100	100

8.2.2 总能耗预测

1. 2015 年和 2020 年区内工业综合能耗预测

以行业法预测工业综合能耗,选取重点能耗行业电力行业、钢铁行业、石化行业、造纸行业和纺织行业以及其他行业进行分行业能耗预测。经预测,2015 年北仑工业综合能耗 750 万吨标煤,2020 年为 1032 万吨标煤(参见表 3-11)。

2. 总能耗预测

经预测,北仑区 2015 年总能耗为 923 万吨标煤,2020 年为 1315 万吨标煤(参见表 3-12)。

8.2.3 规划建议

针对能源体系存在的问题,对能源系统进行节能综合体系设计。如图 8-4 所示,能源控制模块包括节能体系和能量综合利用体系,相对应的基础设施建设模块包括能量管理系统、管网建设。

1. 优化能源结构,扩大清洁能源使用比例

扩大清洁能源和新能源的供应规模与使用范围,积极开发利用太阳能,风能、海洋能,大力发展太阳能产业。在投资、贷款、担保等方面予以支持,逐渐扩大清洁能源、可再生能源的使用规模和市场占有率。大力推进以天然气和 LNG 为主的清洁能源的使用,逐步建立分布式能源体系。加快推动风能的开发利用,实现 10 兆瓦风力发电装机组建成并网发电。部分工业锅炉推广生物质能替代煤炭和燃油。在建筑节能改造中使用地源热泵空调。除用于工业生产外,扩大清洁能源在交通运输方面的使用规模,制定发展清洁汽车的政策法规,鼓励开展清洁汽车和相关产业关键技术的攻关与产业化。

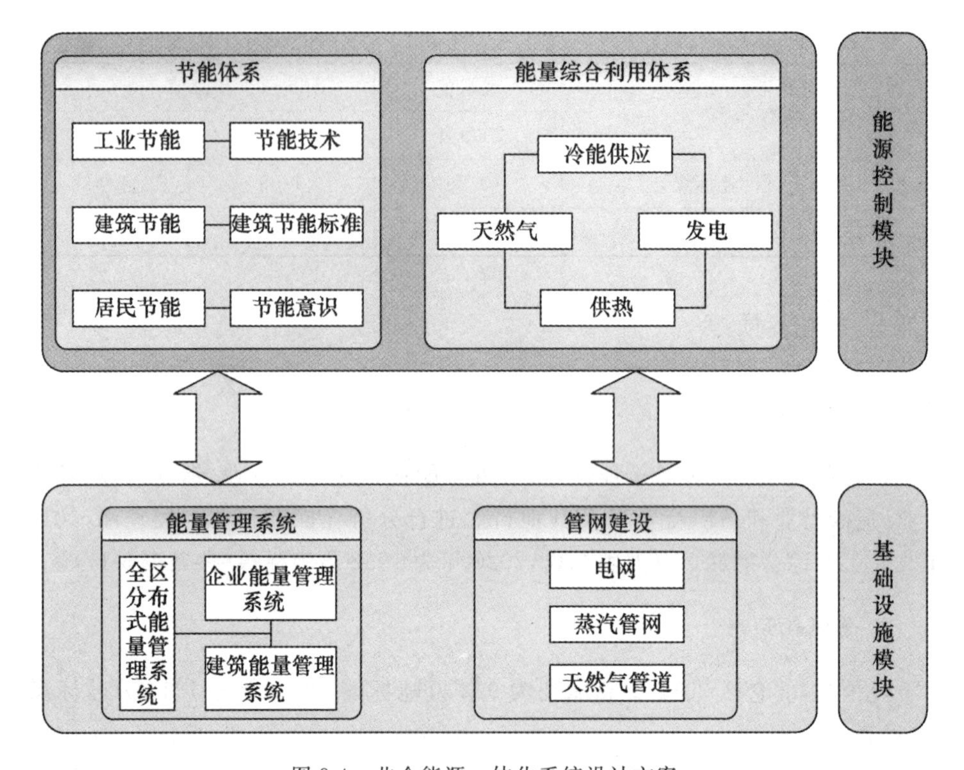

图 8-4　北仑能源一体化系统设计方案

2. 采用先进工艺，全面构建综合节能体系

(1)工业节能

鼓励行业清洁能源技术的开发、推广与应用。各行业具体节能技术如下。

钢铁行业：进一步挖掘节能潜力，充分利用钢铁企业的高炉煤气和转炉煤气等可燃气体和各类蒸汽，以自备电站为主要集成手段，实施余气、余热、余压发电项目，减少能源浪费。宁波钢铁余热利用项目，利用焦炉煤气，建设一套全燃气锅炉及 135 兆瓦汽轮发电机组，同时供汽能力可达 100 吨/小时。可将这部分热能作为热源纳入集中供热系统，供给附近热用户。另外，对炼钢厂和热轧厂的除尘风机变频改造，也可以节省大量用电，降低能耗。

电力行业：推进燃煤电厂清洁煤技术的实施，采取 IGCC 发电方式，将煤炭气化，用燃气的方法发电，降低对大气的排放。对企业生产各个环节实行节能节电改造，如锅炉引风机变频改造、锅炉磨煤机增设动态分离器、蒸汽管道疏水阀换型等。

化工行业：对空压机系统改造，减少装置运行中压蒸汽使用量；水煤浆锅炉雾化系统改造,减少煤炭消耗量。

纺织行业:进一步挖掘节能潜力,根据需要合理安排技改资金的投入,加大节能宣传工作力度,依靠节能技术改造,通过节能管理、节约能源、提高能源利用率来达到节能效果。

造纸行业:通过一、二次风机变频改造,减少电耗,完成涂布头 IR 由电 IR 改为燃气 IR 的改造,减少能耗。

(2)居民生活节能

推广家用节能电器的使用。在光伏发电和太阳能热水器方面实验与推广使用太阳能技术,鼓励企业与居民使用太阳能热水器等成熟产品;新建建筑实施太阳能与建筑一体化设计与建设,提高太阳能光热、光电使用效率。

推广燃气空调。利用 LNG 资源,推广使用燃气空调,制定鼓励生产和使用燃气空调的相关政策,使之尽快市场化,不断扩大燃气空调的使用规模,优化能源消费结构,降低用电高峰期的电力负荷。

(3)建筑节能

生态建筑的设计与建造。部分新建或已有建筑节能改造项目中推广应用地源热泵空调。在建筑物的规划、设计、新建(改建、扩建)、改造和使用过程中,执行节能标准,采用节能型的技术、工艺、设备、材料和产品,提高保温隔热性能和采暖供热、空调制冷制热系统效率,加强建筑物用能系统的运行管理,利用可再生能源,在保证室内热环境质量的前提下,减少供热、空调制冷制热、照明、热水供应的能耗。

3. 利用能源转换,逐步构建分布式能源系统

(1)燃气冷热电三联供系统的构建

燃气冷热电三联供系统是分布式能源的主要形式,为公共建筑空调冷热源提供了重要的选择,也是保证输电网安全的需要。冷热电三联供,即通过能源的梯级利用,燃料通过热电联产装置发电后,变为低品位的热能用于采暖、生活供热,这一热量也可驱动吸收式制冷机,用于夏季的空调,从而形成热电冷三联供系统。而以天然气为燃料的燃气热电冷联产系统的最大特点是对不同品位的能量进行梯级利用,温度较高的热能用来发电,而温度较低的低品位热能则用来供热或制冷。依托北仑区能源优势,开展燃气冷热电三联供系统的构建试点。

(2)溴化锂空调利用多余热蒸汽制冷

根据区内现有热源供给和消耗情况,加上宁波钢铁余热蒸汽 100t/h,区内总供汽能力达到 2318t/h,而平均热负荷为 1287t/h,供热量大于需求量。剩余热蒸汽 1030t/h,夏季可将这部分热蒸汽通过溴化锂制冷空调转换成冷能,供给

居民、服务业和办公楼用于集中供冷，按照夏季运行5个月计算，可减少用电量11176万千瓦时，占2008年全区用电总量的1.6%，占居民生活用电和三产用电量的14%，大大减少能源消耗，削减夏季用电高峰。

(3)LNG冷能综合利用

利用LNG接收站在液化天然气进行气化过程中释放出的大量冷能，开发LNG冷能综合利用技术。适合本区的冷能利用方向主要有：低温液化分离生产空分产品，提供液氧、液氮、液氩等工业气体；空分产生氮气氧气，用于合成氨和IGCC发电；利用冷能低温破碎废旧轮胎生产冷冻胶粉；生产液化二氧化碳；生产丁基橡胶。

(4)海洋热能转换系统(OTEC)

依托海水这种可再生资源，积极探索和开发海洋水资源和能源综合利用系统。海洋热能转换系统有许多方面的应用，可以用来发电、海水淡化、海水养殖、制冷以及帮助矿物的提取。

(5)分布式能源系统的基础设施保障系统

发展智能电网。优化电网结构，稳步推进智能电网建设，提高各种不同发电形式的接入能力。

完善蒸汽管网。针对集中供热区内分布不均，西部维科园、纺织园和小港工业园片区，东部郭巨片区和南部春晓片区供热不够的情况，在上述三个片区新增热源点。继续推进蒸汽管网建设，将管网覆盖到全区各个企业，争取取代全部的企业自有小锅炉，使集中供热率达到100%。

做好电网规划。建议北仑电厂一个机组对区内进行直供，减少输电损耗，保障区内用电。同时，对于电网，建议政府加大对规划中的变电所所址和线路走廊土地资源的控制力度，充分发挥政府在电网建设中应有的协调作用，对城市中心区或繁华地带，需架空线入地时，加大电网建设资金的投入力度。

随着城市经济的发展，北仑区负荷迅速增加，为保证用电需要，110kV变电所必然要深入到城市的中心区域。因此，在北仑区的城市规划建设中，应预留好220kV或110kV变电所的进线通道。最好能充分发挥城市主干道的作用，结合电网中长期发展规划，预留好通道。

4. 突出管理节能，提高能源管理信息化水平

(1)继续推进重点企业能源审计和清洁生产工作

重点针对电力、钢铁、化工、纺织和造纸五大高耗能行业，尤其是宁波钢铁和亚洲浆纸两家高耗能企业，开展能源审计和清洁生产审核工作，从而降低全区万元产值能耗。2015年80%的重点企业将完成清洁生产审核工作。

(2)开展能效对标,明晰与同行业先进水平的差距

“十二五”期间对全区年综合能耗5000吨标煤以上的重点耗能企业开展能效对标工作。通过与国内外同行业先进企业能效指标进行对比分析,确定标杆,寻找差距,从而推动我区的节能降耗工作的深入开展。

(3)引进中介机构,培育节能服务市场

逐步推广和使用企业合同能源管理模式,以减少投资和风险,降低运行成本,有利用节能项目的开展。加强与西门子、日立、SGS等节能中介服务机构合作力度,进一步挖掘钢铁、石化领域的节能潜力。在钢铁、纺织等行业加大合同能源管理项目推广力度,不断培育节能服务市场,为我区企业开展节能工作提供更多的选择。

(4)严格控制新上高耗能项目,加大高能耗落后产能淘汰力度

一是严格执行北仑区固定资产的节能评估和审查制度,所有外商投资项目、基本建设项目和技术改造项目必须实行节能评估。提高准入门槛,严格把关,对于新上项目,按照浙江省要求,首先要通过能评报告的审核。二是根据国务院近期对淘汰落后产能的要求,宁波市经委公布了《宁波市落后工艺和设备名单(第一批)的通知》(甬经资源〔2010〕150号),北仑区排摸出S7系列落后变压器307台、集中供热区中小工业锅炉3台、淘汰黏土砖瓦窑5座。兴发炼钢中频电炉1台,在2010年底之前完成落后产能淘汰任务。

(5)构建各级能源管理系统,促进节能信息化

通过示范项目的建设,逐步推广工业企业和建筑物的能源管理系统的开发与建设,开发数据采集、处理分析、控制调度、平衡预测和能源管理等功能一体化的能源集成控制技术,并逐渐开发建设区域整体能源管理系统,走能源管理信息化建设道路。

8.3 固体废物污染防治与循环利用

8.3.1 规划目标

源头控制优先,完善资源化和加强最终处置;在处理过程中加强分类管理,尤其是对危险废物和电子废物禁止与生活垃圾、工业垃圾混合处理;规划近期的重点为进一步提高固体废物资源化利用率和生活垃圾分类回收利用率,远期通过加强管理和运用经济手段等从源头控制固体废物的产生。固废系统规划指标与预测如表8-8所示。

表 8-6 固废系统规划指标与预测

指标名称	现状值	预测值	
	2009 年	2015 年	2020 年
单位工业增加值固废产生量(吨/万元)	1.89	1.11	0.62
工业固体废物综合利用率(%)	71	90	100
城镇日人均生活垃圾排放量(千克/人)	1.68	1.2	0.7
生活垃圾分类收集率(%)	0	50	90

8.3.2 工业固废产生量预测

以行业法预测工业固体废弃物产生量，选取产生量占全区工业固废产生量97%的三个重点行业电力行业、钢铁行业和造纸行业进行分行业能耗预测。经预测，2015 年北仑工业固废产生量 613 万吨，2020 年为 700 万吨(参见表 3-15)。

8.3.3 规划建议

对于工业固体废物控制管理，总体战略为：源头控制优先，完善资源化和加强最终处置；在处理过程中加强分流管理，尤其是对危险废物和电子废物禁止与生活垃圾、工业垃圾混合处理；规划近期的重点为进一步提高固体废物资源化利用率和无害化处理率，远期通过加强管理和运用经济手段等从源头控制固体废物的产生。

1. 强化源头控制，拓展资源化利用途径

(1)大力推进固废产生重点企业的清洁生产

通过技术改进、降低能耗和原材料消耗，减少固体废物的产生。研发推广成熟有效的清洁生产技术和产品，并倡导企业进行产品绿色设计，开发生产低能耗、低物耗、低污染、易分解、易再利用和处置的产品。

(2)加强重点行业工业固体废物的综合利用

石化行业要建立关联企业间的内部循环系统，通过石化产业链实现资源的综合利用；钢铁行业要对排放的废弃物、钢渣、转炉泥、瓦斯泥等进行回收和综合利用；电力行业要利用粉煤灰和脱硫产生的废弃物生产环保建材产品；造纸行业要加快废纸回收产业化进程，调整原料结构，提高废纸比重，对造纸过程中产生的烧碱等物质进行综合利用，造纸污泥用于生产烧结保温砖。

(3)继续加强粉煤灰、炉渣、污泥等的综合利用

继续加强粉煤灰和炉渣在水泥、生产新型墙体材料和制品，包括实心砖、空

心砖、空心砌块、轻型板材、加气混凝土、粉煤灰陶粒以及在筑路和回填方面的应用。对于污水污泥，开展将无毒污泥加工成有机复合肥料或焚烧发电的推广和应用[5]。

2. 构建区域综合利用系统

建立健全并贯彻落实固体废物分类收集、减量化排放、资源化利用、无害化处理与处置的一体化管理体系和政策、法规，培育市场化运作模式和网络。建立固体废物的集中收集、交换利用和资源化的模式与方法。分析区内废物的种类和特点，结合北仑区发展规划提出固体废物资源化利用模式。

3. 建立废物交换和再生利用管理中心

建立区域性的废物交换和再生利用管理中心，旨在协助企业建立良好的外部环境，加强不同行业企业之间，以及政府与企业之间的沟通和交流。一方面，协助政府根据企业和行业的实际发展情况科学决策；另一方面，通过定期开展活动并搭建电子信息平台，为企业之间开展经营、技术和贸易合作提供交流机会，共享废物交换和资源再生利用等信息。

废物交换和再生利用管理中心可挂靠环境管理部门，以企业形式运作。在为企业提供废物交换、综合利用及处理处置平台的同时，还要发挥规划、组织、服务和监督等方面的作用，促进废物回收、交换市场的健康发展。

【参考文献】

[1]张晓辉，陈效孺．蒸汽溴化锂机组用于热电厂的效益分析．暖通空调，2006(1)：47－50．
[2]2009 年北仑区统计年鉴．
[3]胡军．关于北仑区节能降耗工作情况的报告．http://rd.bl.gov.cn/show.aspx?nid=5965．2010－10－11．
[4]高吉喜，黄钦，等．生态文明建设区域实践与探索：张家港市生态文明建设规划．北京：中国环境科学出版社，2010．

9 打造绿色北仑,优化人居环境

9.1 生态人居和景观建设思路

人居环境建设的最根本目标是不断“调整、调适、调优”人与自然关系,追求健康、文明、环保的生活方式,营造一个舒适的人居环境。坚持以人为本,坚持以提高城市居住适宜性为核心,以北仑城区绿地系统为核心,近郊生态防护绿地和大面积的风景林地为基础,道路、水系绿化为纽带,贯穿片区,外契于内的绿色生态系统,构建由片区公园、山林绿化、滨海公园绿化带、河道水系绿化、交通走廊绿化等组成的层次丰富、点线面结合的绿地系统,提升居住服务功能,营造生态家园,提升“绿色北仑,宜居城区”品牌。

9.2 城乡景观保护和建设

区域景观格局。以青山、碧水、平原等为基质,镶嵌城镇、村庄、湖库等景观斑块,以道路、江河为廊道,形成以“蓝天碧空、清水绿岸、秀美山川”为特征的区域景观生态格局。

城市景观格局。以山、水、田为基质,镶嵌“一区三城多节点组团”城市斑块,糅自然和人文景观于城市之内,融城市于山水田园之间,构筑田路交错、依山带水、城景交融的“山海环绕、江湖相拥、林中映城、景色秀美”的城市景观格局。

城市景观建设。以高低起伏、错落有致为目标,加强城市轮廓线控制。城市建筑要与园林绿地景观结合,与水景观结合,紧凑布局,节约用地,控制建筑密度。提倡多样性的建筑艺术风格,保持江南特色的建筑风格,维护建筑环境的整体协调。科学规划城市绿地系统,高标准建设城市主城区和中心广场、公共建筑群、小区、河滨等区域。建设丰富多样的公共绿地系统。

乡村景观建设。结合新农村建设,积极推进农村生态环境建设和城乡生态一体化。合理规划,保护民居,因势利导,把村落有机地融入大自然之中。在城市化和工业化发展进程中,结合蔬菜、花卉、苗木、园艺等都市农业基地开发建设,营造城乡过渡景观缓冲带,发挥城郊景观的生态服务功能,并将农业植物引入城市园林、街头广场、公园等绿化建设中,将自然生趣注入城镇景观。

9.3　生态廊道和生态网络体系建设

建设生态绿色隔离廊道,完善绿色交通廊道(如图 9-1 所示)。建设城市与城镇、乡村、开发区之间的生态绿地,加强道路、河道两侧以及居住区与工业、交通道路、公建等其他用地之间的生态绿化建设,形成较为完善的绿色隔离廊道,保护居民居住环境。根据不同区域绿地功效需求设计绿化方案,选择、配置植物,增强植物的服务功效。

以城市快速交通干线为骨架,建设纵横交错的绿色交通廊道和绿色节点,构建城市绿色交通生态网络体系。重点加强太河路、明州路、长江路等城区主要道路两侧总宽 500 米的绿化带建设。绕城公路两侧绿化带总宽不低于 500 米。城市主干路绿地率不低于 20%,次干路不低于 15%,一般道路两侧绿化带宽度不少于 3 米。快速路两侧绿化带不少于 30 米。副城、组团之间主要交通道路绿化带两侧 30～50 米。

加强河网绿化廊道建设,营造北仑水乡景观,在主要河流两岸建立 100～200 米的水系绿化廊道。加强完善农田复合林网建设,丰富农业基质动植物类型,营造农田园林相互交错的平原景观,提高平原基质的景观多样性。禁止填占河道和池塘,保护水体的水文功能、生态功能和使用功能。

推行生态护岸,营造水乡景观。开展流域生态保护、水土保持和环境综合整治,保持河道溪流整洁畅通,加快小浃江、岩泰、芦江三大水系和梅山、白峰片水系生态小流域和生态景观河道建设,保护河漫滩生境,形成“水清、流畅、岸绿、景美”的水生态风景线。

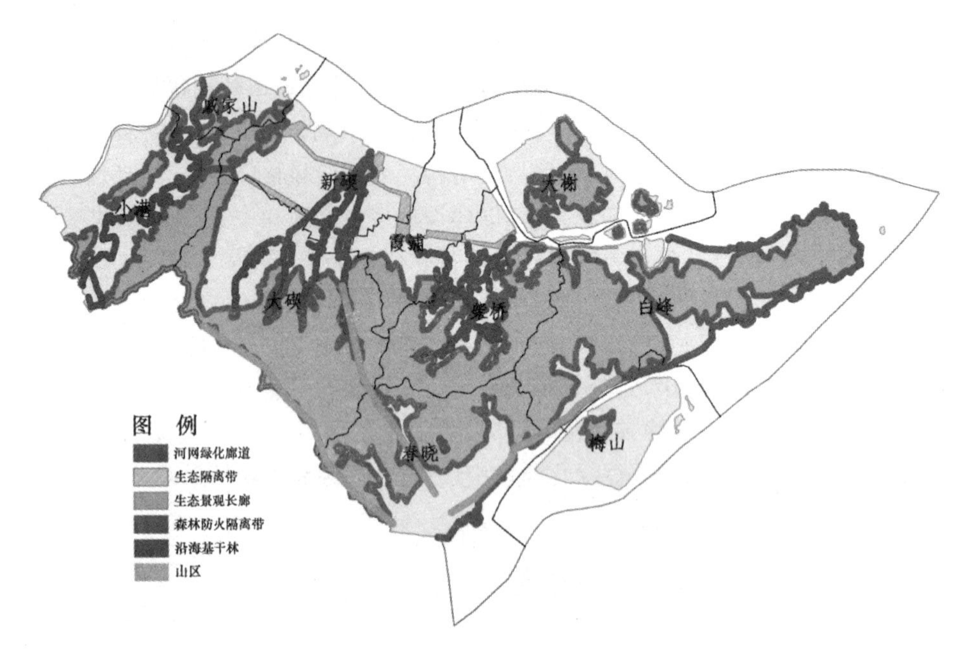

图 9-1　构建北仑生态网络体系

建设江河绿色廊道，加强沿海基干林和城郊森林建设（如图 9-2 所示）。建设完善城区主要河道，小浃江、岩泰河两岸和甬江南岸生态景观带和滨水绿化带，连接风景名胜区和公园广场，构建城区自然绿色廊道体系。推进沿海基干林、城区防护林建设和林相改造，实现生态公益林全覆盖，增加森林蓄积，营造“森林氧吧”。实施古树名木、珍贵动植物保护工程。大力建设城市郊区和附近地区森林，实现绿化建设的城郊一体化。

加强生态防护绿地建设，加强湿地景观保护。加强道路、河道两侧和居住用地与工业、交通道路、公建等其他用地之间的生态隔离绿化建设，形成完善的生态防护绿地系统，保护居民居住环境。在适宜地段建设滩涂湿地和水禽栖息地，以水生植被、滩涂、鱼塘为主进行生态化养殖，保护滩涂生物群落生境，不断改善近海水质，严格遏制盲目围垦、圩垸等侵占湿地现象，分类分级监督管理，实施“退垦还滩”，恢复湿地功能。

提升风景名胜区景观整体形象，加强特殊地貌单元保护。以自然山水、森林公园、地质遗迹资源为重点，维护自然景观原始风貌，维持自然生态景观要素多样性。加强景区周边环境综合整治，保持山清水秀、清雅幽静的自然生态。禁止在生态涵养区核心区域开展开发建设活动。加强特殊地貌单元保护，依托孤丘山麓森林和原孤丘，建设向城市纵深延伸的绿地系统。

全面实施废弃矿山复绿工程，改善矿山生态系统。积极推进矿山资源整合，重点加强现持证矿山的复绿工作，认真编制和落实《持证矿山关闭复绿实施方案》，提高矿山生态环境的恢复治理率、土地复垦率和三废综合治理，重点加强对城市周边、风景名胜区、主要交通干线两侧可视范围，以及饮用水源地保护区等区域的废弃矿山治理。

图 9-2　生态隔离带和江河绿色廊道

9.4　城乡绿化建设和“美丽北仑”创建

完善城市公共绿地，促进农村绿化建设(如图 9-3 所示)。大力建设中心城区绿地，合理配置各级公园和广场绿地，开展“一区多园多广场”工程，形成融山、水、林、园、城为一体，点、线、面相结合的公共绿地系统。进一步加强居住小区、各企事业单位内附属绿地建设，提倡庭院绿化、建筑物垂直绿化和屋顶绿化。加强村镇公共绿地建设，开展“一镇一广场”、“一村一公园”、“百家园林绿化村”等工程建设，至 2015 年，城镇人均公共绿地面积达 15 平方米/人。

深入推广绿色管理体系，建设生态乡镇和环境优美城镇。进一步开展绿色社区、绿色学校、绿色饭店、绿色工地等绿色系列工程，倡导绿色、文明、环保的生活方式和服务方式，创建洁净和优美的人居环境。加大农村和农业基础投入，保护基本农田，建设完善农村和乡镇基础设施，增强农村和农业发展后劲。大力实施生态乡镇和环境优美小城镇创建工作，提高城镇文化品位，加强自然资源保护与合理利用，控制环境污染，保持生态平衡。至 2015 年，80％乡镇建设成环境优美乡镇。

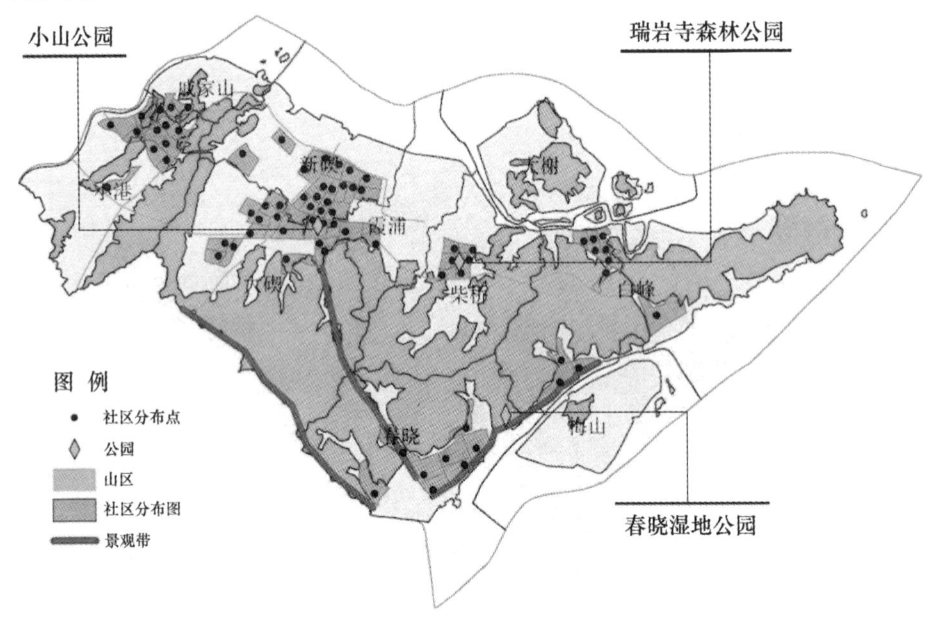

图 9-3　北仑片区绿地系统

控制农村环境污染，建设生态村庄。实施生态富民与生态村示范工程，加强农村环境综合整治，推进农村“改水、改厕、改卫、改坟、改殡”和“绿化、净化、美化”等工作，推广沼气综合利用和太阳能热水器，改善和提高农村居住环境。使农村环境污染得到有效控制，规模养殖场污染治理率达到 85％以上，畜禽污染物资源化利用率达到 70％以上，农药、化肥使用量分别减少 50％、20％以上。农村环境面貌显著改观，规划保留村庄得到全面整治，垃圾集中处置率达到 100％，生活垃圾分类无害化处理率达到 30％，生活污水集中处理率达到 70％，全部乡镇达到省级生态乡镇标准。深入开展文明村、文明家庭创建活动，建设农村社会新风尚。开展“生态墓区”建设，彻底清除“青山白化”。

发展生态住宅，推广低碳建筑。科学布局，疏散老城区建筑和人口，降低老城区建筑和人口密度。合理配置高档、中档、经济适用房和廉价房，有序发展房地产业，满足社会各个阶层需求。大力推广应用环保建筑材料、节水节能的建筑技术。按照生态住宅标准，建设与北仑自然山水风光、具有地方建筑风格特色的生态住宅。开展生态设计，实施生态住宅、生态公建试点工程，科学装修，合理用材，控制室内空气污染。

9.5 新农村建设和城乡生态一体化发展

按照科学规划、分类指导、成片连线、集约发展的原则，制定实施城镇和乡村环境保护规划，严格执行功能分区，合理调整乡镇工业和村镇建设布局。结合新农村建设，推进和中心村建设，加强旧村改建和环境综合整治工作，积极实施中心村培育工程，引导分散的自然村实施农村住房集中改造，向中心村进行集聚。打破行政村界限，加强农村生态基础设施统一布局，农村公共资源实现共建共享，营造区域化农村新社区建设平台。

按照布局合理，设计科学，风格独特的要求，修订完善村庄总体布局规划，以中心镇、中心村培育为重点，形成新农村建设和城镇化建设协调推进的发展格局。统筹城乡产业发展，引导农村工业向园区集中。统筹城乡重大基础设施建设，加快城市基础设施向农村地区延伸。统筹城乡公共服务体系建设，全面提升区域公共服务水平。促进生产方式、生活方式的转变。结合农村居民点的改造，加大改水、改厕力度，实行生活垃圾集中堆放处理，生活污水集中处置排放，改善农村居住环境。加强对畜禽养殖污染的处理。

提升九峰山新农村发展水平，加快推进紫石片区、高塘片区新农村建设，大力发展生态观光农业园、农家乐等多种形式的农村休闲旅游产业，把新农村建设成为有特色的城市功能区。

10 打造生态保障体系

10.1 节能减排

10.1.1 规划目标

“十二五”以及后续相当长的一段时间内，节能减排都将是重要的约束性任务。“十二五”期间，不仅原有的三大指标将会继续考核，而且将加入新的指标，如氮氧化物排放量和碳排放强度等。

根据《“十一五”期间宁波市主要污染物总量控制计划》，北仑区“十一五”期间总量指标为：SO_2：29870 吨/年。根据第三章指标预测部分对工业 SO_2 排放量的预测，2015 年 SO_2 排放量为 33566 吨，2020 年排放量为 35409 吨，远超过了“十一五”期间总量指标。因此，按照目前的产业发展模式及能源消费结构，北仑区 2015 年 SO_2 排放量难以满足“十二五”期间总量控制指标的要求。根据《“十一五”期间宁波市主要污染物总量控制计划》，北仑区“十一五”期间总量指标为 COD：3730 吨。根据第三章指标预测部分对工业源 COD 排放量的预测，2015 年工业源 COD 排放量为 4598 吨，2020 年排放量为 4626 吨，远超过“十一五”期间总量指标。因此，按照目前的产业发展模式及水资源利用和排放方式，北仑区 2015 年 COD 排放量难以满足“十二五”期间总量控制指标的要求（见表10-1）。

表 10-1 北仑区节能减排规划预测与目标值

污染物	2009 现状值	2015 预测值	2020 预测值	“十一五”总量 控制指标
单位 GDP 能耗(吨标煤/万元)	1.17	0.92	0.69	
工业 SO_2 排放量(吨)	30700	33566	35409	29870
工业 NO_x 排放量(吨)	82400	28840	26368	
工业 COD 排放量(吨)	3802	4598	4626	3730
工业氨氮排放量(吨)	172	208	209	
CO_2 排放强度(公斤/万元)	8.60	6.17	3.98	

注:(1)能耗预测、SO_2 排放预测、COD 排放预测见第三章指标预测部分。(2)因底层数据缺乏,NO_x 排放量和氨氮排放量分别由 SO_2 排放量和 COD 排放量推算得到。

1. SO_2 排放量预测

对于 SO_2 排放量的预测,选取重点污染排放企业,按其削减能力大小估算削减率,同时考虑到产能增大所带来的 SO_2 增量,从而得到预测的排放量。2015 年工业 SO_2 排放量预测值为 33566 吨,2020 年预测值为 35409 吨(参见表 3-17)。

2. NO_x 排放量预测

NO_x 的预测值根据 SO_2 预测值推算得到。根据电厂装机容量预测 NO_x 排放量的增幅,到 2015 年电厂脱销设备全部安装完毕,脱硝率按 75%计算,则 2015 年工业 NO_x 排放量预测值为 28840 吨;“十三五”期间脱硝率按 20%计算,则 2020 年工业 NO_x 排放量预测值为 26368 吨。

3. COD 排放量预测

对于 COD 排放量的预测,选取重点污染排放企业,按其削减能力大小估算削减率,同时按照行业用水量的增幅考虑 COD 排放量的增量,从而得到预测的排放量。2015 年工业 COD 排放量预测值为 4598 吨,2020 年预测值为 4626 吨(参见表 3-17)。

4. CO_2 排放量预测

对于工业 CO_2 排放量的计算,将除电力和热力之外所消耗的每种能源,乘以相应的 CO_2 排放系数,所得的总和为工业 CO_2 排放量,计算得 2009 年为

3775万吨(包含北仑电厂所有发电量所产生的CO_2)。其他CO_2排放只考虑煤油和液化石油气这两种能源。

工业CO_2排放量的预测按照两部分计算,一部分是以北仑电厂为主的需要外供电的能源企业,先计算外供电消耗的煤耗,乘以排放系数得到外供电部分的碳排放。以此为基数,按照2015年和2020年装机容量分别达到700万千瓦和800万千瓦的趋势推算出外供电部分的碳排放。另外一部分是电厂自供电以及其他企业能源消耗所产生的CO_2,这部分按照能耗预测值进行推算。一产、三产、建筑业和居民生活CO_2排放量的测算,按照煤油和液化石油气消耗5年增长10%计算(参见表3-18)。

10.1.2 规划建议

1. 节能规划

扩大清洁能源和可再生能源的使用。天然气的使用有相当大的潜力,相关部门应该在这方面加强对企业的导引,鼓励企业加快设备的改造,同时要加快天然气基础设施的建设,让更多的企业用上清洁能源。

优化结构,控制高能耗行业过快增长。严格控制新建高耗能项目,加快淘汰落后产能项目,鼓励发展低能耗的先进生产工艺。重点发展通信设备、专用设备、通用设备、交通运输设备等装备制造业。在纺织、服装、化工、造纸等行业要正确处理发展经济与节能降耗的关系,延长产业链,引导企业应用行业先进技术,提升产品结构,提升产品附加值,在保增长的基础上提高能源利用效率。

加快企业节能技术改造。实施企业节能技术改造,重点推广变频、锅炉节能改造、余热回收利用、绿色照明、电磁加热等节能技术和产品。开展电平衡、锅炉能效测试、清洁生产审核工作,继续推进重点耗能企业能效对标工作。

进一步推进全民节能意识建设。要通过各种媒体,形式多样、通俗易懂地加大节能宣传工作力度,深入宣传节能降耗的重要意义,组织节能降耗工作的经验交流,推广节能先进典型,曝光批评浪费行为,引导合理消费,强化全社会的能源忧患意识和责任意识,努力形成全民自觉节能的良好风尚。特别是要引导商业、市民的节能工作。在居民生活用电的节约上,要推广节能产品,加强节能意识。

2. 减排规划

促进产业结构调整与产业升级。根据国家《产业结构调整指导目录》,适时调整我市“鼓励、限制、淘汰”类产业指导目录,促进低能耗、低污染的行业发展。严格执行国家和省在建设项目方面有关土地、环保、节能、技术、安全等准入标准，促进行业持续健康发展。鼓励外商投资环保领域，严格限制高污染外资项目，促进外商投资产业结构升级。严格执行国家有关提高加工贸易准入门槛的政策规定，促进加工贸易转型升级。

加快减排技术的开发和推广。在电力、钢铁、造纸、纺织、化工等重点行业，推广一批潜力大、应用面广的重大节能减排技术。鼓励企业加大减排技术改造和技术创新投入，增强自主创新能力。加快淘汰一批排放超标、能耗超标的落后工艺、设备和技术，主要为 S7 系列变压器、中频炉等。

开展“十二五”污染减排规划。以中水回用和电厂脱硝低氮燃烧器改造为重点，积极推进岩东三期、白峰污水处理厂推进工程，做到“十二五”全区污水处理全覆盖。

全面实施清洁生产。继续开展争创清洁生产先进企业活动，树立一批资源高效、污染低排、环境清洁、效益显著的省级以上清洁生产示范企业。到 2012 年，完成省控以上重点污染企业的清洁生产审核；到 2015 年，年耗能超过 1000 吨标煤的企业清洁生产审核完成率达到 90%，主要污染源企业清洁生产审核率保持 100%。

3. 稳步推进低碳化发展

推进高碳产业低碳发展。引导区内企业加大投入，增强自主创新能力，开发低碳技术和低碳产品。加强国际交流合作，积极主动接受发达国家技术转让，实现低碳经济跨越式发展。选择部分重点行业性代表企业开展 ISO14064 碳盘查试点示范工作，总结经验的基础上，在重点行业范围内稳步推开。进而对全区碳盘查工作，建立相关的统计、检测、考评工作机制，全面掌握区域内二氧化碳排放源分布情况，开展区域性社会经济发展碳排放强度的评价试点工作。积极引导区内企业开展减少二氧化碳排放的技术改造项目，推动部分项目的减碳量经第三方权威机构认证后进入国际碳交易市场。力争到“十二五”末期国际碳交易项目达到 3 个以上。

推动低碳建筑。发展低碳建筑是建设低碳城市的重要一环。充分发挥新型墙材专项基金的经济调控手段来推动建筑节能，将新型墙材专项基金与建筑节能有机地结合起来，把工程项目是否符合建筑节能强制性标准要求作为返退新型墙材专项基金的主要条件之一。进一步加强推广应用断桥铝型材窗、中空玻璃窗、Low-e 玻璃、节能灯具、节水器具、太阳能热水器、太阳能庭院灯、屋面保温隔热材料、加气混凝土、太阳能热水器与建筑一体化设计等多种节能技术和产品的工作力度。新型墙材应用比例 2015 年达到 95%以上。在政府投资项目的各类建筑项目中实行节能 65%的标准比例达到 50%以上。

发展低碳交通。调节交通方式，有效地消减交通领域二氧化碳的排放。创造市民步行、自行车出行的条件，在港口集卡、公交汽车等大力推广天然气为燃料的新型车辆的应用，加快宁波轻轨项目北仑段的建设步伐，全面促进北仑区交通低碳发展。

10.2 大气环境治理

10.2.1 规划目标

通过总量控制、工程减排和信息化等先进的管理手段，有效治理大气污染，提供空气清新、蓝天碧空的优质大气环境。大气环境治理规划与预测如表10-2所示。

表10-2 大气环境治理规划指标与预测

指标名称	现状值	预测值	
	2009年	2015年	2020年
工业废气排放量(亿标 m^3)	1317	1440	1519
工业 SO_2 排放强度(千克/万元工业增加值)	12.32	6.10	3.15
工业 NO_x 排放强度(千克/万元工业增加值)	33.08	5.24	2.34
全年API指数优良天数达标率(%)	91.2	92	95
重点企业污染物排放在线监测率(%)	—	90	100

10.2.2 规划建议

1. 控制重点行业二氧化硫的排放

针对二氧化硫重污染行业电力、钢铁、造纸和化工等行业，尤其是宁波钢铁、北仑电厂、亚洲浆纸和逸盛石化这几家重点企业，开展二氧化硫专项减排工作。例如，建设宁波钢铁烧结机脱硫工程，减少二氧化硫的排放。淘汰落后的生产工艺和流程，对区域内燃煤锅炉进行盘查，对没有或是不符合环保要求的脱硫设施限期整改。实行二氧化硫总量控制，严格限制新上项目二氧化硫新增排放量。

2. 总量控制氮氧化物

对氮氧化物实行总量控制，尽快采取措施控制现有燃煤电厂和热电厂氮氧化物的排放。具体可采用低氮燃烧技术和加装烟气脱硝技术，最先进的技术还包括炉后 NO_x 还原技术如选择性催化还原法(SCR)。推进北仑电厂低氮燃烧器改造，减少氮氧化物的排放。建设台塑热电＃1、＃2 机组脱硝工程，减少氮氧化物的排放。

3. 开展对烟尘和扬尘污染的整治

实施燃煤企业烟尘排放整治工程，淘汰各种燃煤小锅炉，鼓励采用清洁能源和采用热电厂集中供热；同时加强燃煤企业的监管，确保达标排放。重点对区内火电厂、钢铁厂、造纸厂、码头矿石堆场、水泥生产企业、329 国道沿线采石取土场等的烟尘扬尘污染问题进行整治；加强对建筑工地施工扬尘污染管理，要求文明施工，采取各类防尘措施，抑制扬尘污染，针对“建龙宿舍”和“力源科技”这两个点位全年的降尘浓度要高于其他点位的情况，加强对这两个点位附近物流堆场的集卡车辆运输造成的交通二次扬尘进行治理。

4. 加强恶臭气体污染防治

加强工业企业废气排放管理，严格控制化工、食品、喷涂、加油站等企业产生的化工异味、恶臭气味等现象。严格控制在城区周边新批有有机废气、恶臭产生的项目。开展“清洁空气行动”，继续深化工业废气整治，着重解决群众反映强烈的废气污染问题，严厉打击违法排污企业，确保环境空气质量稳定。以小港区域为重点，对于突出存在的有机废气、恶臭污染问题编制整治方案，开展环境污染综合整治。新建加油站、储油库必须按国家有关排放标准建设。开展对现有加油站、储油库、油罐车油气的综合治理。

5. 开展对苯系物等特征污染物的防护

石化专区排放的特征污染物(苯乙烯，丙烯腈及非甲烷总烃)，在企业正常运行时，对周围环境影响较小。在卫生防护距离 300～700 米之外，浓度值远低于相应环境标准，不会对周围环境及居民造成大的影响。但由于这些特征污染物毒性较大，因此应注意加强各相关企业的安全生产，以防止发生事故时，此类污染物对周围环境及居民的危害。

6. 降低区内酸雨污染程度

由于北仑及附近的镇海燃煤电厂高架源排放污染物影响，造成了区域性组团性高空污染，是北仑地区酸雨的主要来源之一。对高空大气污染产生的酸雨问题，必须从区域的和宏观的角度着手，调整城市产业结构，逐步改变以燃煤为主的燃料结构，采用清洁能源，大幅度减少高硫煤的使用，提高天然气等清洁能源比重。对于现有燃煤大户进行脱硫改造，重点控制高空酸雨物质的产生与排放。

7. 加强居民小区餐饮油烟排放的管理

根据法律、法规的规定，严格禁止在居民楼下店面开办餐饮业。取缔居民小区无证无照餐饮企业，消除油烟污染。对已经审批的餐饮企业，油烟排放应符合达标排放要求。

8. 加速推进管理减排，完善监测系统建设

全面推行清洁生产，建设循环经济型企业。对列入省市重点能耗企业名单的企业开展能源审计和清洁生产审核工作。

开展区域大气自动站的升级改造，增强大气环境监测能力；新建两座大气自动站（春晓和江南），使全区大气环境监测布局更加完善合理。

完善在线监测系统，加强对重点企业的监控。目前已有华光不锈钢、申洲织造等 40 多家重点污染企业安装在线监测装置，对污染企业实施 24 小监控。应对监控中心功能进行升级，一方面，在监测项目上增加对灰霾和有机物污染因子的监测，形成与区内临港大工业相适应的环境监测特色和亮点；另一方面，扩大监测规模，对中小企业也安装在线监测装置，防止其偷排、漏排等行为。

大力推广环保型汽车，减少城区汽车尾气排放，切实提高环境空气质量。逐步推进机动车尾气监测控制系统、汽车尾气遥感监测等新技术的安装使用。

10.3 水环境治理

10.3.1 规划目标

水环境功能区水质达标率提高，全流域水质改善，通过污染物源头控制、提高集中处理率和处理深度，以及对地表水体清障、拆违、截污、疏浚、绿化、生态治理等工程措施和管理手段，实现水变清、河岸变绿、河道变宽、河床变深的治理目标，以满足防洪排涝、交通运输、工业供水、农业灌溉，以及旅游和景观的要求。到 2015 年，区内各水体水质进一步提高：河流型饮用水源地均达到Ⅱ类水，水库型水源地均达到Ⅰ类水质；江河三大水系Ⅲ类水达标率 50%，河段上游水质保持II类水质标准；海域达到相应的水体功能区要求水质。水环境治理规划指标与预测如表 10-3 所示。

表 10-3　水环境治理规划指标与预测

指标名称	现状值	预测值	
	2009 年	2015 年	2020 年
工业废水排放量(万吨)	5392	8625	10015
单位工业产值工业废水排放(吨/万元)	4.47	3.45	2.23
工业 COD 排放量(吨)	3802	4598	4626
单位工业增加值 COD 排放量(公斤/万元)	1.53	0.84	0.41
重点工业企业污染物排放稳定达标率(%)	90	95	100
城区水环境功能区水质达标率(三大水系全部达到Ⅲ类水,海域达到Ⅲ类、Ⅰ类水)(%)	江河三大水系Ⅲ类水达标率33.3%,海域劣Ⅳ类	江河三大水系Ⅲ类水达标率50%,海域镇海一北仑一大榭四类区达到Ⅳ类水,梅山岛海域达到相关要求	江河三大水系Ⅲ类水达标率70%,海域镇海一北仑一大榭四类区达到Ⅳ类水,梅山岛海域达到相关要求
农村安全卫生水普及率(%)	99.2	100	100
城市生活污水集中处理率(%)	70	85	90
农村污水集中处理率(%)	15	50	85

10.3.2　规划建议

1. 饮用水水源地保护

控制水源地无序和破坏性开发。将五个水源地水库区域列为限制性开发区域,在进行调查研究的基础上,划定具体的禁止开发区域面积,在禁止开发区内,严禁进行旅游度假村项目的开发建设,对原来就在禁止开发区域内的村庄,可采取适量移民的方法。在禁止开发区以外的区域,可适度开发旅游度假等项目,但要做好旅游度假相应的污染防治规划,同步建设污水处理设施。

保护饮用水源水质。对影响库区水源地水质的生活污水、生活垃圾、畜禽养殖和农田径流进行控制或集中治理,使饮用水水源水质达标率达到100%。

2. 近海海域污染控制

严格控制陆源向海域排放的污染物,规范并优化排污口设置。对于现有近海深海排放口，其排污口初始稀释度应达到评价要求，对于不能达到排放标准的排污口均要求进行改造达到标准初始稀释度。

采取有效措施，对海水冷却水中热能进行提取，实现海水直流冷却排水温度、残留氯的达标排放。

3. 工业水污染物控制

纺织、印染企业集中到工业园区，对污染物集中处理，提高处理效率；电镀行业迁移或是集中，减少污染。提高工业废水达标排放率；对水体污染物尤其是氨氮、COD实行总量控制。

4. 生活污水排放控制

对城市老小区和城中村完成改造，改善目前污水直排的现状；完善农村生活污水处理设施，由简易式处理变为深度处理，建立人工湿地净化示范项目。通过以上措施提高农村生活污水排放达标率。

5. 农业、养殖业面源污染控制

控制农业面源污染，健全养殖业污染防治的法规管理与政策体系，推广生态养殖模式，分散的养殖畜禽逐步集中与规模化，推广利用畜禽粪便资源化综合利用。结合生态乡镇和生态村建设，加强农村生活污水无动力处理系统和垃圾收集系统建设，实行垃圾分类存放，促进农村生活垃圾污染无害化、资源化防治技术的应用。改进施用肥料结构，逐年降低化肥使用量，推广生物防治技术，降低农药使用量。

6. 生态修复和治理

引入活水，岩泰河芦江水系可通过育王岭隧洞自流引取鄞东南平原的亭下水库萧王庙引水堰坝引入的山区径流；小浃江水系，可通过王家溪口翻水站饮水，使河道的水质得到改善。但根本上还是要从源头上控制，减少污染物排放量。

在非行洪排涝骨干河道和景观河道上开展水生动植物的生态式放养，实施洁水渔业工程，维护水体的生态平衡。

7. 加快污水集中处理设施建设

加快污水处理厂建设与升级。加快建设小港污水处理厂二期、岩东污水处理厂三期和白峰污水处理厂。岩东污水厂目前处理工艺为二级生化处理，但是出水中SS和总磷有超标现象，需要深化其污水处理工艺。鉴于本地区海域水质总磷和总氮超标严重，建议北仑污水处理厂扩建时应当考虑脱氮除磷污水处理工艺。

加快污水管网建设，提高污水收集率。加快各工业区块的污水管网建设和老管道的改造，提高工业污水的收集量；加快老城区和城中村污水管网建设，提高生活污水收集率。

8. 排污口整治与管理

内河由于现状超标已无容量，河内不得新设立排污口，老的排污口应达标排放并逐步取缔。海域近岸不得再新设排污口，老的近岸排污口逐步取缔。结合北仑区污水管网规划，对现有主要水污染源及其拟在建项目废水排放口进行优化。

9. 完善监测布点，开展雨水水质监测

加强对企业的在线实时监测，防止企业偷排污水和废水排放不达标的行为。优化水质监测布点，并开展雨水水质监测。

10.4 噪声污染治理

强化监督管理，加强社会噪声整治。城市娱乐场所、商业区、居民区等的声环境整治，改善社区声环境质量。对城区酒吧、歌舞厅等娱乐场所实行夜间噪音实时监控，提前介入。在商业经营活动中安装有空调器、冷却塔、发电机等可能产生环境噪声污染的设备、设施的，其噪声不得超过国家规定的环境噪声标准，避免对周围居民造成影响。对社区内边界噪声超标的家庭作坊，责令限期搬迁。

合理规划，加强管理，控制城市道路交通噪声。合理规划道路布局，建立集卡专用通道，实现交通运输与商业住宅区合理分流。规范集卡运行线路，设立城区道路集卡车禁行标志，减少集卡噪音扰民现象。过境及跨区机动车应远离医院、学校、休憩性公园等噪声敏感地带，地方性交通也要尽量在其外围30米以外迂回通过并禁止鸣笛。在噪声达标区禁鸣喇叭，控制拖拉机、农用车、机动三轮车、大型车辆等的进城时间和路线，控制城区摩托车数量。高速路和铁路两侧，在用地条件允许的情况下，适当增加行道树和步行道至建筑物的宽度，保持最低限度的噪声衰减距离或缓冲带。设立多点监控设施及隔音装置，设计安装隔声设备。

严格控制，加强施工噪声的治理和管理。依据《建筑施工场界噪声限值》(GB12523-90)和《建筑施工场界噪声测量方法》(GB12524-90)，对所有中心城区在建施工工地予以实时动态管理，特别是加强夜间施工的管理，严控夜间施工噪音扰民行为。

加强监督，注重隔离，防治工业噪声污染。对扩建区内厂界噪声超标的企业，实施限期整治。要求噪声超标单位自觉实施整改，积极采取有效措施，选用先进的技术设备，在规定时间内完成治理工作。在工业区周围适当增加绿化隔离带，防治噪声污染。

10.5 海洋生态环境保护和污染防治

严格海上运输活动管理，加强船只污染管理。加强沿海港口完成油污水处理厂(站)、油污水回收船等建设，对港口船舶压载水、洗舱水集中处理，达标排放。加强中心渔港的建设，中型和大型渔港要全部安装废水、废油、废渣回收处理装置，满足渔船油污水等的接收处理要求。对在国内航行的船舶实施船舶垃圾管理计划。

建立健全船舶海事污染应急系统。加快突发污染事故应急处置联动机制的建设，切实加大对危险品运输、装卸、储存的现场监管，防止发生溢油或其他有毒有害产品泄漏事故。建立海上突发事故应急系统。建立沿海海域溢油应急反应中心，应急反应能力达到目标要求。各港口、码头要建立和完善溢油应急计划。实施有毒液体物质溢漏应急计划，禁止各类船舶在沿海海域排放含有毒液体的压载水、洗舱水或其余物、混合物。

优化养殖结构，改进改进海水养殖技术。在加强陆源污染综合治理的基础上，科学、合理控制水产养殖密度和养殖规模，合理控制养殖规模，优化养殖结构，合理调整养殖布局。大力推行无公害养殖技术，规范养殖操作，减少养殖对环境的污染，大力推进无公害海水养殖基地建设。加强对养殖废水的处理力度，实行养殖废水达标排放制度；改进海水网箱养鱼投喂技术，提高饵料利用效率，减少投饵所形成的污染负荷；科学发展深水抗风浪网箱养殖，扩展海水养殖海域空间，减缓对近海生态系统的环境胁迫。

严格海洋资源围垦制度。依法加强对围海和填海的管理，全面提高对围海和填海的管理水平，规范围海和填海的行为，围海、填海必须经过申报和审批程序，制止违规围海和填海；控制、调整、优化围海和填海的区域布局，减轻对局部海域生态环境影响的压力。严格控制敏感海域围海和填海，对海域生态系统敏感区域、水动力条件敏感海域、行洪排涝敏感海域和交通航运敏感海域，严格控制围垦和填海。

加强滩涂利用管理，发挥湿地和植被防护净化功能。加强对滩涂利用的规划和管理，不断改善近海海域生态环境，保护海洋生物多样性，积极开展湿地生态、沿海滩涂、重要海域的环境治理和生态修复工程。将陆地各种无组织排放源截留降解，减轻海洋干扰，维持海洋生态平衡。加强滩涂资源保护和合理利用。根据《浙江省滩涂围垦总体规划》，滩涂围垦应遵循"开发与保护并重"原则，能留则留，对滩涂围垦进行科学论证和严格审批，严格控制围涂数量。

重视"涉海"污染控制，减少入海污染。严格排污口管理，排放陆源污染物必须符合我国海域倾废管理条例要求；排污口对海域环境的影响必须符合国标的相应要求；加强规范排污口管理，严格控制排污口数量和范围，禁止新增排污口，加强排污口使用的全程监控管理。加强对整个排污活动监控，避免违规排污口排放，加强对排污口环境影响程度监控。对现有排放陆源污染物超过国家或者地方污染物排放标准的，限期治理；控制污染物的排放总量。

建立完善海域生态环境监测系统。建立较为完善的海域生态环境监测网络并纳入国家海洋监测网络；及时作出海洋灾害预报；防止船舶、海岸工程、海洋工程污染，加强海上溢油应急处理工作和废弃物倾倒工作的管理。

11 树立生态文明新风，共建生态文明文化

11.1 生态文化发展

《中共中央关于制定国民经济和社会发展第十二个五年规划的建议》指出，“繁荣发展生态文化事业和文化产业，以生态为理念促进文化融合和文化品牌建设。坚持一手抓公益性生态文化事业、一手抓经营性生态文化产业，促进经济效益和社会效益的有机统一”。

11.1.1 挖掘地方生态文化

加强生态文化理论研究，注重把实践过程中形成的生态认知提升为生态文化理论。保护并利用好各种文化资源，切实把握生态城市的文化发展脉络，保护、弘扬、扶持并创新具有环境道德特色的民间文化艺术；加强自然遗迹、人文遗迹、风景名胜的保护。

保护弘扬优秀民间艺术、民俗文化，切实加强民间文化遗产的挖掘与保护，扶持有代表性和影响力的民间民俗艺术活动、艺术项目，积极创新具有地域特色的民间艺术，特别是要保护、弘扬、扶持并创新具有环境道德特色的民间文化艺术。加强乡村自然遗迹、人文遗迹、自然保护区、风景名胜区等自然因素的保护。大力倡导扶持绿色农产品的生产文化。继续办好“农民文化艺术节”、“农民读书节”和民间艺术调演等，以“大众创造、全民参与、人人享受”为目标，进一步提高

乡村生态文化的质量和档次。开展创新生态文化下乡村、进家庭的活动形式和机制。规范乡规民约，强化生态理念，促进环境道德建设。

11.1.2 繁荣生态文化事业

1. 开展一系列生态特色文化活动

创办生态文化节。坚持以生态的理念办好各类节庆活动，努力使中国宁波国际港口文化节、北仑葡萄节、采茶节等文化旅游节庆活动成为传播生态文明的重要媒介。

广泛开展爱国卫生活动，积极推进全民健身，提高全民身体素质。继续贯彻计划生育基本国策及优生优育方针，完善适度低生育率政策，改善人口结构，提高人口素质，优化人口分布，积极应对人口老龄化趋势，促进人口均衡良性发展。弘扬文明的婚丧嫁娶风俗。

2. 积累一批优秀的生态文化成果

鼓励创作一批具有地方特色、体现生态文化主题的影视、文学等文艺作品，推动生态文化成果宣传。

3. 培养一支生态文化人才队伍

加强生态文化建设关键在人才，要加强对文教、宣传、广播电视等部门相关人员的培训，提高其生态素养；要与大中专院校、科研单位和专业社团等合作，聘请一些专家、教授等担任生态文化建设的顾问，也可向社会招募一些志愿者作为生态知识普及人员。要在区内逐步建立起一支生态文化建设的人才队伍，让更多的人有机会接受自然、生态知识的教育普及，使人与自然和谐相处的价值观深入人心。

4. 建设多元的生态文化机构和组织

完善建设文化展示等活动设施，如纪念馆、博物馆、文化馆、美术馆、展览馆、书画院、图书馆、科技馆、艺术中心等单位。

11.1.3 发展生态文化产业

生态文化创意产业致力于生态文化的传播与创新，为环保领域提供重要的文化载体，将成为环保新能源行业重要的文化支撑。

1. 依托“体育强区”优势，全面培育生态体育产业

在体育产业领域，全面培育以体育服务业为重点，门类齐全、结构合理、具有北仑特色和全国竞争力的体育产业。充分发挥市场机制，建立和完善大众健身市场、体育竞赛表演市场，使之成为构建全民健身服务体系的重要渠道、促进竞技体育发展的重要力量。积极推进体育用品的生产和销售渠道建设，在原有贴牌生产的基础上，争取开创自己的体育用品品牌。体育中介、体育传媒、体育会展、体育旅游、体育文化创意等产业的各个方面全面发展，在国内形成较强的影响力。做好体育彩票的销售工作，继续扩大体育彩票的销售额。体育产业的增加值在生产总值所占比例中要明显加大，为全区经济发展作出更大贡献。

2. 凸显北仑工业特色，引入产品生态设计产业

针对北仑特有的重工业为主的特点，大力发展以工业产品设计为主的生态创意设计产业。在设计中尽可能利用自然元素和天然材质创造自然、质朴的生活环境，以及设计易于回收利用的产品设计。树立设计伦理观，对社会负责，考虑设计的社会公正性，考虑健康、安全的功能需求，还应当对当地文化传统的可持续发展负责。

3. 挖掘地方文化，开发生态文化产品

深入挖掘森林文化、海洋文化、花文化、宗教文化、民俗文化、耕作文化等文化内涵，并将其开发成人们乐于接受且富有教育意义的生态文化产品，满足社会多元化的需求。相关产业包括生态文化产业圈由核心层、相关层、外围层构成。生态文化产业的核心层包括旅游、体育、美学、教育及其培训；相关层包括印刷出版、影视音像、网络、剧场、旅游休闲；外围层包括民俗纪念品、绿色餐饮、绿色养殖等。核心层可带动相关层和外围层的发展，相关层、外围层是核心层产业的外延，衬托、体现核心层的产业建设。

11.2 生态消费方式培育

11.2.1 倡导可持续消费

1. 北仑消费结构及阶段划分

从恩格尔系数来看，2009 年北仑区城镇居民和农村居民的恩格尔系数均已

降至40%以下（见表11-1），也就是进入了富裕阶段[1]。表11-2进一步反映了北仑消费现状，从表中可以看出，北仑区城镇居民食品消费所占比例较低，衣着消费比例偏高，高于东部地区和北京、上海，而交通通讯和娱乐教育文化服务这两部分消费比例相对较高，这也标志着北仑区的消费水平已经处于一个较高级的阶段。

表11-1　北仑区经济实力和消费水平与其他城市比较

指标名称	东部	中部	西部	东北	北京	上海	北仑区[2]
GDP(亿元)	—	—	—	—	10488	13698	446.5
人均GDP(美元)[1]	—	—	—	—	9231	10709	18872
社会消费品零售总额(亿元)	—	—	—	—	4589	4537	73.6
城镇居民人均可支配收入(元)	19203	13226	12971	13120	24725	26675	27368
农民人均纯收入(元)	6598	4453	3518	5101	10662	11440	13414
城镇居民恩格尔系数(%)	36.68	38.89	40.75	37.11	33.79	36.65	35.4
农村居民恩格尔系数(%)	41.21	45.17	47.69	37.15	33.92	40.91	39.6

注：①人均GDP为当年价，采用2009年12月31日银行间外汇市场美元等货币对人民币汇率的中间价为1美元兑人民币6.8282元。

②北仑区数据为2009年数据，来自宁波市统计局印制“北仑概览”小册子，其他城市和地区数据来源为国家统计局网站。

表11-2　北仑区城镇居民家庭人均全年消费性支出与其他城市比较

指标名称		东部	中部	西部	东北	北京	上海	北仑区[1]
总消费性支出额(元)		13435	9249	9604	10038	16460	19398	18203
占总消费性支出比例(%)	食品	36.68	38.89	40.75	37.11	33.79	36.65	35.4
	衣着	9.21	11.72	11.32	12.09	9.55	7.84	10.1
	居住	10.08	10.56	9.29	11.63	7.81	8.49	8.9
	家庭设备用品及服务	6.21	6.57	6.13	5.02	6.66	6.09	5.4
	医疗保健	6.41	7.64	6.92	8.94	9.50	3.89	4.7
	交通通讯	14.48	9.92	11.35	10.36	13.93	17.39	17.0
	娱乐教育文化服务	13.11	11.33	10.78	10.47	14.48	14.82	15.1

注：(1)北仑区数据为2009年数据，来自统计局印制“北仑概览”小册子。(2)其他城市和地区数据来源：国家统计局网站。(3)按照统一的标准，在外饮食消费属于食品支出，买车属于交通通信支出。

① 根据联合国粮农组织的标准划分：恩格尔系数在60%以上为贫困，在50%～60%为温饱，在40%～50%为小康，在30%～40%为富裕，30%以下为最富裕。

2. 北仑区可持续消费问卷调查结果

为了了解北仑区可持续消费现状，尤其是不同群体的可持续消费行为、意识等情况，项目分别针对公务员群体和普通民众设计不同问卷，展开调查。问卷调查活动开展如下：

2010 年 7 月 22 日，项目组成员在宁波北仑区行政服务中心开展了宁波市北仑区公务员对于可持续消费认知情况的调查问卷。发放问卷 40 份，回收有效问卷 37 份，有效回收率 92.5%。另外，在人流量较大的地方向公众发放问卷40 份。

通过对调查结果统计分析，可以得出以下结论：

(1)概念认知喜忧参半

宁波市北仑区公务员对于"可持续发展"相关名词的认知率很高，尤其是可持续发展，认知度达到了 94.6%，仅对清洁生产的认知略低，为 62.2%(见表11-1)。公众对可持续消费概念的认知情况较好，清楚和了解的占了一半以上，说明北仑区公众意识较好，政府可能也做了相当成功的宣传。

在被问到"是否知道《循环经济促进法》"时，仅 56.8%的人选择了"是"，表示知道。而理论上公务员对这些政策法规应该是更为清楚和了解的，因此可以推想其他职业的市民对这样一些政策法规的认知情况。

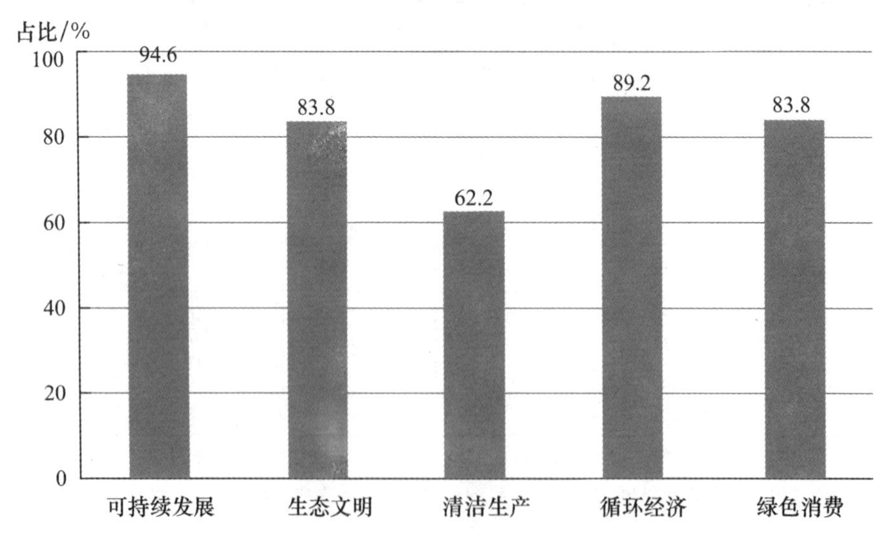

图 11-1 公务员对相关名词认知情况

(2)消费意识良好，但还需加以引导

宁波市北仑区公务员在资源节约、环境保护方面有良好的意识倾向，对可持续消费的态度积极。在问道“你认为绿色消费方式会降低生活水平吗”，有70.27%的人选择了“不会”，16.22%的人选择了“不知道，但愿意尝试”。对于可持续消费的态度有81.08%的人选择了“应该主动改变，减少资源消耗”。在问及在生活中注意节能环保的原因时，67.57%的人是因为“有责任心，或对浪费有愧疚感”，21.62%的人是为了“节省费用”，只有24.32%的人是“对绿色行为有较高的兴趣”。在问到“改善环境主要应该由谁负责”，80.08%的人选择了“政府”，54.05%的人选择了“企业和商家”，72.97%的人选择了“消费者”，仅32.43%的人选择了“社区”。

(3)消费行为理智，但出行行为不够“绿色”

宁波市北仑区公务员和公众大多具有良好的消费习惯，不会盲目消费。遇到商家促销时，北仑区公务员中37.84%的人选择了“不缺类似的衣服和鞋，不考虑”，40.54%的人选择了“只考虑需要和质量，不在乎廉价或促销”，10.81%的人选择了“等更便宜时再说”，仅8.11%的人选择了“毫不犹豫就会买下”。

在绿色出行方面，还需要加以引导。北仑区公务员的出行方式是以自驾车、单位配备的车及出租车为主，比例达到了62.16%；其次是自行车，为21.62%；公交、地铁、单位班车为18.92%；仅有10.81%的人选择了步行(见表11-2)。这与北仑公共交通发展相对滞后，体系不够完善有一定的关系，但也在一定程度上反映出民众可持续消费、低碳生活等生态意识方面还有待提高。

关于公众的消费习惯，调查结果显示：公众几乎不存在过度消费的现象，一般还是以省吃俭用或者适合为主。绝大多数公众已经开始注意家电的能耗等环保信息，而不单单是注重品牌、价格等。关于绿色产品，超过一半的人会优先购买有“无公害、无污染”等标志的绿色产品，而有近30%的人表示不太注意，20%的人不会购买。对于购买的原因，大多数则是出于自身健康的考虑。而不购买的原因中大多数竟是因为对绿色产品不太了解，而并非是价格等其他因素。关于限塑令，调查结果显示，绝大多数人表示了解并愿意配合，但大多数人却认为其执行效果一般。关于环保袋，公众的使用频率还是很高的，47%的人经常使用，且大多数是出于对环保的支持。

(4)节约意识较高

在节能降耗和资源节约方面，北仑区公务员也表现出良好的行为习惯。在办公室用品使用过程中，72.97%的人“尽量双面使用纸张”，59.46%的人“将废纸卖给回收站”，67.57%的人“尽量重复使用纸袋和办公用品”，59.46%的人“少用一次性纸杯”，仅10.81%的人“更注重工作方便和效率，没留意节省”。对于

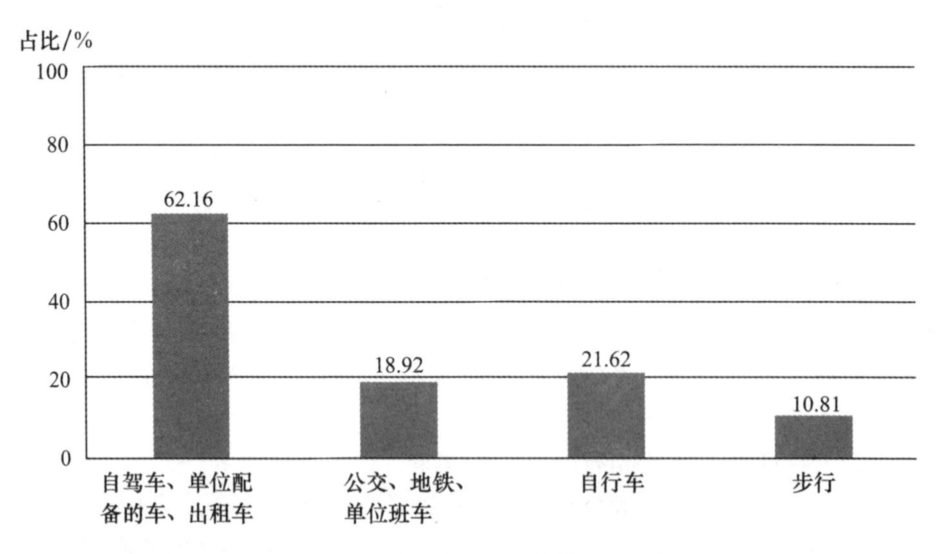

图 11-2　宁波市北仑区公务员出行方式

办公室空调温度的设定，59.46%的人设定在“26 度左右”，5.41%的人表示“很少使用或者无空调”，剩下 35.14%的人表示是“集中控制，个人无法调控”，没有人选择“随意使用”。购买电子产品时，16.22%的人表示“非常注重电子产品的环保信息”，70.27%的人“比较注重”。

以上数据显示出宁波市北仑区公务员有良好的节约能源与资源的意识，并且身体力行，有着良好的节约资源能源的习惯。另一方面，行政服务中心采用集中制冷的方式，相比较办公室单独控温，能更好地节约能源。

(5)公众对可持续消费工作推进支持度高

关于可持续消费在北仑区的推进现况和发展前景，有一半的人表示其所在的单位已经将可持续消费或宣传纳入了规划，表明现在北仑区的可持续消费发展已取得了一定的进展。而调查显示，85%的民众认为政府需要大力推进可持续消费的发展。

在支持政府的民众中，良好的宣传、实施清洁生产、加强管理均有超过一半的人认为应该作为政府的重点，从这可以看出民众还是希望政府全面做好各项工作，其中更要以开发引进新技术、新方法推行清洁生产为重点。

对于支持的民众，他们更多可能采取的行动是节约用电用水，少用不必要的物品，而向他人宣传或做志愿工作的较少。从这里可以明显看出中国国民典型的内向型处事特点，这与儒家所推崇的先修自身再理身外的理念是有很大联系的。因此对于很多政府或相关组织宣传鼓励的事，国民更多的可能会选择“明哲保身”，这将大大不利于政策的落实，也为中国政策的强制性和“上有政策，下有对策”之风埋下了伏笔。

在不支持的民众中，很多人认为当前宁波市的可持续消费已然有了一定水平，将钱花在此将无太大成效。北仑区的可持续消费仍需发展，但就现阶段而言只需稍加推动即可，不宜作为重点。

3．北仑区可持续消费建设建议

北仑区在进行生态文明建设时，可持续消费是其中一个很重要的环节，需要将其理念以及相关的知识在广大市民中进行宣传和普及，对于公务员则尤其需要将相关的政策法规进行宣传和普及。例如，可以印制宣传资料和宣传品，如：宣传手册、展板、环保购物袋等，开展媒体宣传工作，与媒体合作进行专题报道、开设网上信息交流平台，定期对公务员进行相关培训等。只有管理者对这些政策法规熟悉了，才能更好地将其贯彻实施，取得更好的成效。

近年来北仑区民众生活水平不断提高而环境质量却不容乐观。收入的提高，手头的宽裕削弱了经济的因素，而人们对于生活环境的要求也越来越高，在北仑现有的消费基础上，完全有条件开展可持续消费体系建设。北仑区市民的消费观念具有良好的可持续消费的倾向，但还需要对其再加以引导，一方面使其认识到可持续消费行为对于整体可持续发展的重要性，另一方面使其认识到社会各界对可持续发展的影响，可持续消费不是单纯的消费概念，应使公众认识到其所具有的更广泛的含义，从而使可持续消费能在公众当中得到更为深入和广泛的认知。

11.2.2　推广低碳生活模式

1．低碳饮食

倡导健康而环保的饮食习惯。坚决抵制食用野生动物。减少食用红肉（牛、猪、羊肉）等高碳食物，多食用白肉（鱼肉和家禽肉）、谷物类和蔬菜类食物，不仅有利身体健康，而且减少二氧化碳排放量。在烹调方式上，选择简单的，如凉拌、白灼、清蒸等，减少需长时间、高温的烹调方式，如油炸、油煎等。

2．低碳居住

成立家庭节能服务小分队，深入到社区居民家庭普及节能知识，推广节能、节电、节水好的经验和做法。

推广家庭节能灯、节能、节水器具的使用。建立积分卡机制，对购买和使用正规节能产品的家庭进行奖励。制定家庭水电弹性收费政策，以配合节约型生活推广。对于电价，制定可变电价方案；对于水价，加快推行阶梯式水价制度。

开展家庭旧物交换和垃圾分类回收行动。建立社区内和社区之间旧物交换平台（如“跳蚤市场”模式），促进家庭废旧物资的交换使用，减少生活垃圾产生量。全社会广泛推行家庭生活垃圾分类行动，相关部门制定明确的规范以指导居民进行实际操作。

主张简约实用的装修风格，鼓励使用环保装修材料，减少购买不必要的家居用品。购买家具时，尽量选用以复合材料或可再生的杂木为原料的家具。

3. 低碳出行

尽量选用公共交通，开车出门购物要有购物计划，尽可能一次购足。大力实施公交优先战略，鼓励选择公共交通、非机动车绿色出行，积极推广使用新能源机动车。鼓励公众多步行，骑自行车，坐轻轨地铁，少开车。深入开展季度或月度全区“ 无车日”活动，倡导民众绿色、健康出行。

开车节能：避免冷车启动，减少怠速时间，避免突然变速，选择合适挡位避免低挡跑高速，定期更换机油，高速莫开窗，轮胎气压要适当。

4. 低碳购物

养成良好的消费习惯，不追赶时髦，减少电子产品、家用电器、衣物等物品的更换次数。

选购产品时，不选用在生产、使用和废弃过程中，高污染、高消耗和过分包装的产品。购买质量好、经久耐用、方便拆换零件的物品。减少使用一次性筷子、一次性牙刷等一次性产品。严格执行“限塑令”，提倡使用环保购物袋或重复使用塑料袋。

积极鼓励绿色消费，引导公众购买节能、环保标志产品。提倡公众购买无公害、绿色、有机食品。选购衣物时，不选用珍稀裘皮材料制作的衣物，可用人造材料替代。

多购买本地产品，减少产品运输消耗的能量和产生的二氧化碳。多购买季节性产品，减少温室种植消耗的大量能源和二氧化碳排放。

多采用网上购物、电话购物等新兴的低碳购物方式，减少出行购物带来的碳排放，但同时应注意防止这种新兴购物方式中存在的包装过度等高碳问题，可采取比如加强纸盒的循环利用、采用更为结实耐用的塑料周转箱等方法。

11.3　生态服务模式创建

11.3.1　推进政府生态办公

政府是生态文明建设的组织者和管理者，要积极发挥政府的表率作用，大力推进绿色政府建设工作。以绿色办公为切入点，通过实施“绿色行政、绿色采购”策略，切实提高政府的绿色管理水平；提出切实可行的节能降耗、节水、节材、废弃物回收等方面的具体指标和措施；各级政府机关事务管理部门要制定各自的耗能、耗水和办公耗材定额指标，财政部门按定额指标审定经费预算；创新政绩考核制度，制定绿色采购制度，使各级政府成为高效、节能、节约资源的环境友好型政府。

11.3.2　公共场所生态创建

建设资源节约型、环境友好型的生态文明的公共场所，从源头管理，减少能源、资源的浪费和废弃物的排放。

建立绿色创建机制和办法，到2015年，星级宾馆（饭店）的绿色创建率应达到80%以上。通过绿色创建，控制并降低区内星级以上宾馆（饭店）的能耗、水耗，减少污染物排放和固体废弃物的产生。

对区内城市道路、宾馆饭店、公共场所的照明设备进行排查，淘汰低效照明产品；对公共场所水龙头加以控制，避免过大开启而浪费水资源。

11.4　加强宣传教育，培育生态意识

11.4.1　全面开展生态教育

1. 家庭生态教育

提高家长对于家庭生态教育的重视程度。可依托教育资源，开设家长培训班，聘请教育专家宣讲家庭教育，不断提高家长的生态素养和对生态教育的重视，为开展家庭生态教育提供有力的保障。

家长应多带孩子参加亲近自然的活动，使孩子在对自然环境直观的认识和

体验中树立正确的生态伦理观。家长应从生活的一点一滴做起，树立良好的榜样，使孩子在潜移默化中养成资源节约、低碳的生活习惯。

2. 学校生态教育

加大生态环保教育投入，增强生态环保方面的师资力量，针对不同年龄阶段，开设富有趣味性和教育性的生态环保课程，开展夏令营、讲座、实践考察等不同形式的实践活动，力求在区内教育系统形成全流程、有特色和系统化的完善的生态教育体系。

3. 社会生态教育

加强企业生态文化建设。培育企业环境保护意识，增强企业经济活动环境成本意识，形成企业生态文化基础氛围，培育企业生态文化，树立绿色企业的良好形象。制定企业发展导向指南，明确鼓励发展、限制发展和禁止发展的主要产业，鼓励企业绿色技术创新；推广和促进清洁生产，提高企业环境管理水平。结合产业优化升级和结构调整等政策，建立生态环境认证制度，规范企业生产管理行为，提高企业综合环境管理水平。

提高社区生态文化建设水平。培养公众良好的环境伦理道德规范，倡导符合绿色文明的生活习惯、消费观念和环境价值观，提高社区居民的环境意识和参与保护环境的自觉性，促进良好社会风尚的形成，提高社区生态文明水平。完善节能、节水、垃圾分类和绿化的环保设施；建立一支能起核心作用的环保志愿者骨干队伍；组织一系列持续性的环保活动；培育一定比例的绿色家庭。以绿色消费观指导绿色社区各项经济指标的确定及各种先进技术设备的应用，以绿色空间构筑其空间网络，创造亲地、亲绿、亲水的空间。深入开展创建绿色社区活动，逐步形成“保护环境、人人有责”的公众参与机制，定期组织社区居民参与各类环保活动。

11.4.2 广泛开展生态宣传

1. 开展主题教育，加强宣传引导

以生态警示教育、生态保护教育和绿色消费教育和“可持续发展”的企业生态文化等主题，加强宣传引导。生态警示教育主要结合北仑目前实际存在的生态环境问题，有针对性地进行生态警示教育。生态保护教育主要以循环经济和生态工业、生态设计与建筑、生命周期评价等为指导，对公众生态环境保护知识，全面提升公众的环境保护意识。绿色消费教育主要介绍节约用水、节约能源、垃圾分类收集、绿色消费等日常生态行为规范知识，引导群众进行绿色消费，促进环境友好产品的全面发展。倡导绿色生产企业生态文化，制定高标准的北仑环境质量标准，增强企业经济活动环境成本意识，提高企业发展的环境准入条件，建立企业绿色管理考核制度和清洁生产责任制度，进行企业生态文化的形象设计。

2. 开展生态文明创建活动，加大宣传和培训力度

组织新闻、出版、文化、艺术、群团、街道、村镇以及其他社会团体，出版具有地方特色的环境保护科普读物；结合“世界地球日”、“世界环境日”、“世界土地日”、“世界水日”，积极开展群众性生态科普活动；组织以团员青年为主的环保志愿者队伍，有计划地开展生态监护行动、环保进社区、进学校活动以及“保护美好家园”等行动，促进生态环境知识普及和推广。认真贯彻《全国环境宣传教育行动纲要》，根据中学、小学、幼儿园的不同特点，开展生态环境知识的学习教育，充分利用环境教育基地，提高学生的生态意识。将普及环境科学知识、实施可持续发展战略、提高环境与发展综合决策能力的内容纳入干部培训计划。加强企业干部、职工环境保护知识和可持续发展知识的培训。

3. 开发建立北仑生态公告体系和生态文化标识体系

生态文明标识用语主要是设置在公共建筑内外和绿化区等处的标识用语，主要包括节能、节电、节水、禁烟、爱护花草树木、爱护公物以及语言与行为的文明提示。

11.4.3 不断加强宣教基础设施保障建设

1. 生态教育基地建设

建立生态文化教育基地，实施全民生态教育。以创建绿色学校、绿色社区、绿色企业、绿色医院、绿色商场、绿色宾馆为载体，深入进行生态环境保护的宣传教育，将生态示范区建设与生态教育基地建设结合起来，建设集生态教育、生态科普、生态旅游、生态保护、生态恢复示范等功能于一体的生态教育基地，使其成为开展生态教育的主要阵地。通过多种渠道，采取多种形式，加强对不同层次的生态教育，普及推广生态保护意识，培育“人与自然和谐”的生态意识和生态理念，广泛传播环境法律法规，鼓励社会各界人士参与生态环境保护，树立环境是资源、环境是资本、环境是资产的价值观，确立保护和改善环境就是保护和发展生产力的发展观，倡导节约资源、文明健康的生活方式，逐步形成崇尚自然、保护

环境的行为规范，推动生态环境保护事业的发展和整个城市的文明与进步。

2. 生态文化设施建设

加快生态文化基础设施建设。加大对基层生态文化建设的投入和扶持力度，各中心镇争取建设成为具有城市文化品位的区域文化中心，并建设一批农村宣传文化阵地。基本完成有线广播电视网络双向传播和多功能开发的改造，逐步形成高速、宽带 HFC 网络。健全街道文化馆(站)网络，建立和完善社区文化设施；充分发挥各级图书馆(阅览室)的作用，投资建立流动图书馆、网上图书馆，普及社区阅览室；实施"全国文化信息资源共享工程"，推行文化设施资源共享。

12 加强生态文明建设保障，建立健全支撑体系

12.1 组织领导保障

建立健全领导班子，加强组织领导。加快构建促进生态文明建设的党政领导班子，统一部署生态文明建设重大事项，及时解决建设中的重大问题。建立专职和高效的协调工作机构，切实加强对生态文明建设的领导，对生态文明建设重大事项进行统一部署，及时解决建设中的重大问题，明确和落实部门责任制，努力形成“权责一致、分工合理、决策科学、执行顺畅、监督有力”的工作机制。各职能部门应明确管理职能、精心组织，逐步认真落实规划纲要提出的各项任务；充分发挥社会各界力量，积极配合有关部门各负其责，协调联动，形成生态文明建设的合力。

加强上下联动部门协助，着力增强工作推进合力。各级党委要从全局和战略的高度，将生态文明建设工作摆上重要位置，进一步加强对推进生态文明先行区建设的领导。支持人大按照法律赋予的职责，加强环保及生态建设执法检查和监督。各级政府要切实抓好工作落实，加大投入力度，强化行政执法，加强配合协作，确保各项任务落到实处。支持政协积极发挥职能作用，加强民主监督。充分发挥基层组织和工会、共青团、妇联等人民团体的作用，动员基层干部、广大职工、共青团员、妇女群众积极投身生态文明建设，形成全区上下共同推进生态文明建设的强大合力。

建立专家咨询机构，建立健全科学民主决策机制。积极推行生态论证机制，建立专家咨询机构，在重大项目立项、重要规划和重大政策制定前，充分评估产生生态破坏和环境污染的可能性，提高决策的科学化水平。健全公众参与机制，合理设置公众参与的形式和内容，对事关公众重大利益的生态文明建设项目，实行听证、公示制度，提高社会团体和公众参与决策的程度，形成政府、专家与社会团体、公众相互配合的民主决策机制。积极畅通政府与公众的沟通渠道，完善信访、举报机制，发挥 12369 环境投诉电话的作用，征求意见建议，引导公众积极参与生态文明项目实施的跟踪监管，确保重大决策实施的正确性。

创新考核办法，建立责任追究制。抓紧制定具体考核激励办法，分解落实考核任务，明确工作责任和时限要求，确保生态文明建设各项任务到岗到人，使生态文明建设工作渗透到各部门的工作中。建立健全生态文明建设考核评价体系，完成项目的环境保护目标责任制和责任追究制度，将生态文明建设综合考核评价结果，作为组织、人事部门考核干部政绩的依据之一，确保生态文明建设综合整治建设工作顺利推进。全面落实节能减排目标责任制，严格实行生态文明建设问责制，对完不成生态文明建设任务的单位和个人实行问责。

推广试点示范，推动重点项目建设。积极开展生态文明建设试点、示范活动。整合社会资源，调整工作思路和工作方式，深入开展系列建设活动，总结建设经验，丰富建设内涵，突出建设特点。强化过程管理与监督，对在生态文明建设中作出突出贡献的单位和个人给予表彰和奖励。制定生态文明建设项目，有序健康地循序渐进，按时保质完成。全面推进环境秀美乡村、生态街道、生态村、绿色社区、绿色学校、绿色家庭等生态文明建设工程。自下而上，由点到面，不断扩大建设成果，夯实生态文明建设基础。

12.2 法制和制度保障

提高执法人员素质，加大生态文明建设执法力度。加强执法机构建设，提高执法人员素质，严格执法，保障生态文明建设相关法规得到全面落实。各有关执法部门和机构建立健全执法责任制和考核评议制，加强对行政执法行为的监督，保护行政执法的公正、公平、公开，严格依法行政。强化执法检查，实行定期检查与经常性检查相结合，推行执法情况定期汇报制、复核制、奖惩制，加大查处破坏生态环境案件力度，逐步杜绝有法不依、执法不严、违法不究、执法效率不高的现象。

拓宽监督渠道，提高监督的整体效能。加强对决策活动的跟踪监督，按照

"谁决策、谁负责"的原则,建立健全决策责任追究制度,实现决策权和决策责任相统一。加强对各级领导干部执行生态环境资源法律规章情况的监察监督,督促各有关部门在审批建设项目时,认真执行审批程序,严格把关。主动接受社会各界的监督,广泛征求社会监督员的意见和建议。自觉接受舆论监督,完善信访举报制度,设立投诉中心和举报电话,疏通投诉渠道,鼓励广大群众检举揭发各种违反生态环境保护法律法规的行为。充分发挥广播、电视和报刊等新闻媒体的舆论监督作用,及时报道和表彰生态文明建设的先进典型,公开揭露和批评污染环境、破坏生态的违法行为,对严重污染环境、破坏生态的单位和个人予以曝光。

加强公众参与制度建设,激发公众参与热情。大力推进生态文明建设事务的公众参与制度,依法保障公众参与权、公民知情权和监督权。公众参与环境保护不仅有助于环境政策制定与决策过程中各种利益的协调,增强环境决策的正确性,还有助于环境监管部门及时了解、获取各种环境信息,便于及时、准确地制止、处罚环境违法行为。建立有效的社会监督、舆论和信息反馈机制。通过建立生态环境保护信息公开制度、生态环境保护听证制度、环境公益诉讼制度和健全生态文化建设群众监督举报制度,强化环境法治,实现信息双向交流,激发公众参与生态文明建设和环境保护的热情,提高人民群众生态文化建设的责任感和参与意识,保证市民的生态环境保护信息知情权,监督政府部门生态环境保护工作成效。

严格执行环境影响评价制度、审计制度以及排污许可制度。严格按照国家有关法律法规,规范建设项目的生态环境影响评价,对规划和建设项目实施后可能造成的环境影响进行分析、预测和评估,提出预防和减轻不良环境影响的对策和措施,完善提升环境监测制度,提高监测水平,全面跟踪项目施行过程。坚决实施清洁生产环境审计制度,引导企业和园区在生产过程中,采取改进设计,使用节能环保能源和原料,采用先进的工艺技术与设备,改善管理,综合利用等措施,从源头削减污染,提高资源利用效率。贯彻污染排放许可制度,包括污染排放的许可证制度、排污权交易制度等。

12.3 资金和政策保障

加强政府投入,鼓励和引导社会和民间资本参与。按照"政府引导、社会参与、市场运作"的原则,积极调整优化财政支出结构,加大对生态文明建设的政策支持力度,充分发挥市场机制和政府投入的综合作用,采取财政贴息、投资补助、项目前期经费、政府投资股权收益适度让利等政策措施，鼓励和引导社会和民间资本参与生态环保基础设施项目建设和经营。强化政府对乡镇污水收集主干管网、污水处理厂等重大生态基础设施项目的资金保障。积极引导企业等社会资金参与城镇和农村污水处理设施、污水配套管网、垃圾处理设施、污泥处理项目等等重大生态基础设施项目建设和经营。争取国际合作资金。利用生态环境保护成为国际合作热点的有利时机，扩大对外宣传，开展形式多样的国际交流与合作，积极开拓国际援助渠道，争取利用国际资金和技术援助及优惠贷款，支持生态文明建设。

大力发展绿色金融，完善政府采购制度。大力发展绿色金融，鼓励金融机构加大对清洁生产企业的信贷支持和保险服务，鼓励和支持有条件的清洁生产先进企业通过上市、发行债券等资本运作方式筹措发展资金，鼓励和支持上市公司通过增发、股权再融资等方式筹措资金用于节能减排。继续抓好国家有关发展生态经济、改善生态环境、加强资源节约的各项税收优惠政策的落实，加大对发展循环经济，推进清洁生产、节能减排、节地节水项目和企业的政策扶持。完善政府采购制度，绿色节能产品要优先列入政府采购目录，政府部门要优先采购列入国家“环境标志产品政府采购清单”和“节能产品政府采购清单”的产品。

建立以保护生态环境为导向的经济政策，加快完善市场化要素配置机制。运用产业政策引导社会生产力要素向有利于生态文明建设的方向流动。定期公布鼓励发展的生态产业、环境保护与生态建设优先项目目录，以及禁止和限制发展的产业与项目目录，对优先发展项目提供优惠政策。研究制定有利于生态型产业发展的税收政策，促进生态型产业的发展。运用消费政策引导社会消费倾向。运用价格调控手段，引导节水、节能的消费方式；对需要回收集中处理和再利用的商品，实行“押金—回收—退款”制度，运用经济手段逐步减少环境污染类商品消费量。完善土地征收制度和工业用地招拍挂制度，积极探索农村土地使用制度改革和工业存量用地盘活机制，开展宅基地空间置换和集体建设用地使用权上市交易，促进土地节约集约利用。

建立和完善能够反映资源环境成本的价格和收费政策，建立完善城市居民用电阶梯价格制度、企业超能耗产品电价加价制度，全面推行合同能源管理。开展水权制度改革试点，积极实施生活供水系统与重大工业企业、工业园区供水系统相分离的分质供水体系。完善分类水价制度、城市居民生活用水阶梯式水价制度和企业超计划、超定额用水加价制度。实行阶梯水价、电价制度，进一步完善矿产、森林等资源有偿使用制度，提高各类资源的利用水平。积极探索排污权有偿使用与交易制度，以及碳排放权交易制度，加快化学需氧量排污权有偿使用与交易试点工作。大力发展碳汇林业，积极探索建立森林代保机制和林业碳汇交易机制。

制定滨岸缓冲带生态修复标准和激励政策,建立健全生态补水保障制度;实行水生态环境损益考核制度、排水户环境自律报告制度和审查监管制度;进一步完善水污染物排放许可证制度,根据流域环境容量分配水污染物总量控制指标,提升水环境保护监管能力和水平。建立健全生态环保财力转移支付制度,扩大支付范围,加大对国家森林公园等生态涵养区的补偿力度。建立健全分类补偿与分档补偿相结合的森林生态效益补偿机制,逐步提高生态公益林补偿标准。加大新路岙水库等水源涵养区生态补偿力度,提高源头地区受益水平。建立健全生态补偿机制与生态功能保护和环境质量改善挂钩的制度,根据各地年度生态环境质量综合考评指数优劣状况,对其实施经济奖励或处罚。重大生态环保基础设施实行联合共建。

12.4 科技和人才保障

强化技术创新,实现生态发展。创新资源集聚,加速技术密集型、知识密集型产业发展,加快调整原材料工业结构和产业布局,大力发展清洁能源、海洋装备等新兴战略产业。以信息技术、先进适用技术改造提升纺织服装、机械加工制造等传统产业。加快物流、金融、商务、新一代信息服务等生产性服务业,以及文化创意、旅游等现代服务业。创新成果大量涌现,企业创新主体地位全面提升,涌现出一批具有自主知识产权和国际竞争力的产品和企业。

建设技术开发推广平台,大力应用先进科技成果。在大力推动企业技术研发的基础上,充分发挥各级政府宏观调控职能,健全完善多种形式的产学研合作机制,积极发展、引进和应用能源资源节约集约开发利用技术、先进制造技术、清洁生产技术、先进育种技术和生态环境保护技术,为生态文明建设提供技术支撑。注重优化科技资源配置,支持生态领域的科学研究和开发,大力培育各类科技中介服务机构和技术转移中心,加强绿色科技公共创新服务平台建设,推进生态科技产业化和普及推广。

积极鼓励企业采用高新技术改造传统产业,以调整结构、提高效益为中心,加快设备更新和技术更新,开展清洁生产工艺,完善检测手段,建立一批高新技术改造传统产业的示范企业和示范工程。制定政策,引导企业、区内外科研机构等积极开发和推广应用各类新技术、新工艺、新产品。加强能源资源节约集约开发利用技术培育,积极发展节能建筑、电动汽车技术,大力发展先进制造技术,研发和推广清洁生产技术,促进制造业绿色化、智能化。努力探索先进育种技术,研发推广节约资源、农业废弃物资源化利用等技术，着力提高农业可持续发展能力。全面推广发展生态环境保护技术，发展节能减排和循环利用关键技术，着力提升生态环境监测、保护、修复能力和应对气候变化能力。

完善人才引进培养机制，加强专业人才队伍建设。完善人才引进、培养机制，把生态文明建设急需人才、专业人才的引进和培养列入北仑区“十二五”人才发展规划，组织开展多种形式的培训与教育，支持参加各级各类“人才工程”选拔培养工作，通过多种途径培养、集聚一批生态文明建设所需的各类专业人才。健全激励机制，吸引区外生态环境保护和生态产业领域的专业人才到北仑工作。积极与国内高等院校和科研院所建立合作关系。充分发挥政府咨询顾问委员会和科技顾问委员会在重大项目、规划、决策中的咨询参谋作用。加强本地技术骨干队伍的培养，逐步建立一支懂技术、会管理的人才队伍。

建立监测预警系统，推进生态文明信息建设。利用现代信息技术，对污染严重的生态环境进行详查和动态监测，森林资源、草地资源、生物多样性、水土流失、农业面源污染和工业及生活污染等，及时作出监测和预警。依托卫星影像、GIS、抽样调查、公众举报等手段，加强生态环境监测监控，及时跟踪和掌握环境变化趋势，提高生态环境监测、预测和预警能力。开展生态市建设动态监测和评估，及时了解生态环境的变化情况，并及时调整生态建设项目的内容。加强对常规的水、气、声等环境要素生态监测，增加土壤、生物、蔬菜、粮食等监测内容。并拨出专款，配备专门人员，具体负责实施。建立环境实时监测和环境突发事件应急指挥系统，保障区域环境安全。利用现代信息网络收集和公开环保信息，开展政府与公众互动，保障公众在环境保护方面的知情权、监督权和参与权，更好地保障公众权益，调动和发挥公众参与环境保护公共事业的积极性。

索　引

后　记

宁波北仑生态文明建设规划项目结束至今整整三年，期间全国不少省市纷纷开展了生态文明建设规划。犹豫再三，我们决定还是将这份规划以著作形式出版出来，其主要目的在于展示宁波北仑在推进生态文明建设过程中的一些思考、想法和做法，毕竟规划是集体智慧的结晶、是甲乙双方互动沟通的结果。同时，也希望本书能够为其他地区的生态文明建设提供参考。

为了再现当时对生态文明建设的思考，我们并没有对原有规划进行大的改动，只是在生态文明建设进展和模式梳理上补充了一些新的内容。对于这样处理，如有不妥，敬请原谅。

作　者

2014 年 4 月

图书在版编目(CIP)数据

区域生态文明建设的理论与实践:宁波北仑案例 / 石磊等著. —杭州:浙江大学出版社,2014.5
ISBN 978-7-308-13125-4

Ⅰ.①区… Ⅱ.①石… Ⅲ.①区(城市)—区域生态环境—生态环境建设—研究—宁波市 Ⅳ.①X321.255.3

中国版本图书馆 CIP 数据核字(2014)第 076338 号

区域生态文明建设的理论与实践
——宁波北仑案例
石 磊 刘志高 曾 灿 董 颖 著

责任编辑 田 华
封面设计 刘依群
出版发行 浙江大学出版社
(杭州市天目山路 148 号 邮政编码 310007)
(网址:http://www.zjupress.com)
排 版 浙江时代出版服务有限公司
印 刷 杭州杭新印务有限公司
开 本 710mm×1000mm 1/16
印 张 11.75
字 数 220 千
版 印 次 2014 年 5 月第 1 版 2014 年 5 月第 1 次印刷
书 号 ISBN 978-7-308-13125-4
定 价 36.00 元

浙江大学出版社发行部联系方式 (0571)88925591;http://zjdxcbs.tmall.com